ECOLOGIA INDUSTRIAL

CONCEITOS, FERRAMENTAS E APLICAÇÕES

Blucher

Biagio F. Giannetti

Cecília M. V. B. Almeida

ECOLOGIA INDUSTRIAL

CONCEITOS, FERRAMENTAS E APLICAÇÕES

Ecologia industrial

© 2006 Cecília M. V. B. de Almeida
Biagio F. Giannetti

1ª edição - 2006

5ª reimpressão - 2015

Editora Edgard Blücher Ltda.

Blucher

Rua Pedroso Alvarenga, 1245, 4º andar
04531-934 - São Paulo - SP - Brasil
Tel.: 55 11 3078-5366
contato@blucher.com.br
www.blucher.com.br

FICHA CATALOGRÁFICA

Almeida, Cecília M. V. B. de
Ecologia industrial : Conceitos, ferramentas e aplicações / Cecília M. V. B. de Almeida, Biagio F. Giannetti - São Paulo: Blucher, 2006.

Bibliografia.

ISBN 978-85-212-0370-4

1. Desenvolvimento sustentável 2. Ecologia industrial I. Giannetti, Biagio F. II. Título

05-3241 CDD-363.7

Índices para catálogo sistemático:

1. Ecologia industrial: Problemas ambientais: Problemas sociais 363.7

DEDICATÓRIA

De Biagio para minhas garotas, Rafaela e Silvia
De Cecília para meus meninos, Ju e Grima

Que merecem um mundo melhor

AGRADECIMENTO

O conteúdo deste livro faz parte das aulas da disciplina Produção e Meio Ambiente: Ecologia Industrial, ministradas no Programa de Pós Graduação em Engenharia de Produção da Universidade Paulista. Os autores são especialmente gratos à Vice Reitoria de Pós Graduação e Pesquisa da Universidade Paulista, na pessoa da Prof.ª Dr.ª Marília Ancona-Lopes e ao Coordenador do Programa Prof. Dr. Oduvaldo Vendrameto, pelo suporte oferecido para o desenvolvimento da pesquisa que levou à publicação deste livro.

Os conceitos aqui apresentados foram condensados em sessão de treinamento promovida pela Mesa Redonda Paulista de Produção Mais Limpa, a empresários, consultores e estudantes, entre outros. Esta iniciativa, pioneira no país, é coordenada pela Msc Tânia Maria Tavares Gasi, a quem endereçamos sinceros agradecimentos por seu apoio e pelo préfacio deste livro.

PREFÁCIO

Desde a década de 70, quando as questões ambientais entram na pauta das preocupações da sociedade e dos governos, diferentes enfoques têm sido adotados para compreender, planejar e executar ações voltadas para a preservação da natureza.

Inicia-se com a percepção que o lançamento de poluentes emissões gasosas, efluentes líquidos domésticos e industriais, resíduos sólidos deve ser controlado. Para tanto, são desenvolvidos os sistemas de tratamento de poluentes (estações de tratamento de esgotos, incineradores, unidades de compostagem, entre outros) de forma a garantir a redução dos mesmos, antes de seu descarte; nos anos 70 é organizado o marco legal e institucional que permite a aplicação deste modelo. Os empresários passam a considerar as questões ambientais como subjacentes aos seus negócios, buscando a solução dos problemas ambientais fora dos limites dos processos produtivos. Na época, meio ambiente era atribuição quase que exclusiva dos engenheiros e, nas empresas, normalmente de responsabilidade da área de utilidades e segurança do trabalho.

Os anos 80 trazem o conceito de impactos ambientais, o que é um grande avanço, pois passa-se a considerar o meio circundante e compreender a multidisciplinaridade da questão ambiental. No entanto, as empresas continuam a usar o mesmo paradigma de tratamento de dejetos, buscando-se mitigar e compensar impactos, mas não preveni-los ou eliminá-los.

No início dos anos 90, surge um novo paradigma ambiental, questionando a própria geração dos poluentes e acenando para a possibilidade de obter a redução ou mesmo eliminação dos mesmos na fonte. A idéia é simples, mas revolucionária. O foco principal do controle ambiental deixa de ser as correntes de poluentes ao fim dos processos produtivos, que passam a ser considerados produtos com valor econômico negativo, resultado de ineficiências dos processos ou de seu inadequado planejamento. Um amplo e variado leque de possibilidades surge, como reformulação e ecodesign de produtos, adoção de boas práticas gerenciais, mudanças tecnológicas, alteração de insumos, entre outras possibilidades. Como resultado, ganhos ambientais e econômicos passam a ser colhidos pelas empresas, que descobrem ser possível proteger o ambiente e ter lucro. Este enfoque preventivo é o que atualmente se busca praticar, sob diversas denominações, como Prevenção à Poluição, Produção Mais Limpa, Ecoeficiência, Produtividade Verde. Ainda não foi totalmente incorporado pelas organizações, mas sua adoção, apesar de paulatina, é inquestionável.

Estamos caminhando no sentido do Desenvolvimento Sustentável? Esta é, sem dúvida, a pergunta que todos nos fazemos, pressionados pelas evidências da alteração global que o ser humano impõe ao planeta, em que a escassez de água, a mudança do clima e o rompimento da camada de ozônio são sintomas indiscutíveis. Será possível atingir o Desenvolvimento Sustentável pela soma de iniciativas individuais?

Ou seja, se todas as organizações otimizarem seus processos poderemos garantir que a produção de bens e serviços será "... no mínimo, equivalente à capacidade de sustentação estimada da Terra", como preconiza a definição de Ecoeficiência?

Infelizmente não, pois a população aumenta e os padrões de consumo se dirigem para patamares que demandam cada vez mais recursos naturais. Para tratar da sustentabilidade, teremos que dar um passo maior na compreensão das inter-relações entre meio ambiente e produção. Na década de 70, as questões ambientais e os processos produtivos eram vistos de forma dissociada. Na produção mais limpa dos anos 90, o meio ambiente é compreendido como aspecto inerente ao planejamento, instalação e operação das organizações. No futuro, teremos que compreender que são as organizações que fazem parte do meio ambiente.

A Ecologia Industrial situa-se nesta visão, considerando-se que as empresas são organismos que participam de um ecossistema industrial, inserido na biosfera, da qual demandam recursos e para a qual excretam dejetos. Ao buscar compreender as inter-relações das empresas entre si e com a biosfera, a ecologia industrial estabelece o objetivo de minimizar entradas e saídas (que correspondem à extração de recursos naturais e ao lançamento de poluentes) bem como de criar sistemas de reciclagem tão fechados quanto possível, avançando no sentido de fazer respeitar os limites de sustentação do planeta. Na ecologia industrial, os produtos nada mais são que instâncias do fluxo da matéria e da energia que circulam há milhões de anos pelo planeta, coleções de moléculas organizadas por meio dos processos industriais, que, após o uso, irão, se desorganizar e novamente participar dos ciclos infindáveis. Nesta perspectiva somos todos — empresas, produtos e consumidores — intrínsecos participantes do fluxo da vida e de suas reações misteriosas, e podemos compreender que o papel usado para a confecção deste livro poderá no futuro se transformar em groselhas ou caracóis.

Falar de Ecologia Industrial é indispensável e, caso considerássemos apenas este aspecto, já poderíamos afirmar que este livro é fundamental. A pequena disponibilidade de material sobre o assunto no idioma português é também outro fator que nos leva a recomendá-lo. No entanto, é seu conteúdo abrangente e ao mesmo tempo detalhado, repleto de conceitos, ferramentas, exemplos e análise crítica, que nos permite antecipar a inestimável contribuição que proporcionará aos muitos interessados no tema. Professores, estudantes, empresários, consultores, profissionais dos órgãos de governo, entre outros, encontrarão neste livro material importante, meticulosamente preparado e didaticamente organizado. Nós agradecemos aos autores por esta oportuna contribuição ao Desenvolvimento Sustentável. As futuras gerações agradecerão a você, leitor, por conhecer esta obra e colocá-la em prática.

Tânia Mara Tavares Gasi
CETESB
Mesa Redonda Paulista de Produção Mais Limpa

SUMÁRIO

APRESENTAÇÃO

"Outra preocupação foi não dissociar a prática da teoria. Por esse motivo, freqüentemente serão encontrados exemplos de aplicações dos conceitos apresentados e, quando possível, relatados exemplos brasileiros."

Percepção

O homem deste milênio tem uma clara percepção do poder da sociedade moderna em alterar o ambiente econômico, social e da natureza. Em parte, as rápidas mudanças do último século ocorreram de uma forma consciente; outras, porém, surpreenderam agradável ou desagradavelmente. Uma das surpresas desagradáveis foi o poder destrutivo e insustentável dos sistemas de produção e consumo. Por esse motivo, torna-se cada vez mais iminente a necessidade de se compreender a relação existente entre os sistemas humanos e os sistemas naturais.

A Ecologia Industrial tem como contribuição original a percepção de que os sistemas produtivos e naturais fazem parte do mesmo sistema, a biosfera. Essa constatação, aparentemente simples, serviu para formalizar importantes princípios, que têm por mérito visualizar os clusters de indústrias como ecossistemas industriais sustentados por ecossistemas naturais.

Foco, interesse e conteúdo

É oportuno lembrar o ditado que diz: "Nada é tão prático como uma boa teoria". A Ecologia Industrial confirma a sabedoria desse provérbio, pois tem se mostrado um poderoso corpo teórico – ainda em construção e que talvez nunca seja finalizado, aplicado principalmente nos países com economias mais competitivas. Isso mostra claramente a necessária mudança, ora em curso no mundo das empresas: a busca da competitividade sustentável.

Neste ponto, é importante enfatizar que optamos por centralizar o conteúdo do livro nas soluções, em vez de apresentar os problemas relacionados com o meio ambiente. Outra preocupação foi não dissociar a prática da teoria. Por esse motivo, freqüentemente serão encontrados exemplos de aplicações dos conceitos apresentados e, quando possível, relatados exemplos brasileiros.

Essas considerações nos levam à natural conclusão de que a Ecologia Industrial interessará a um público bastante variado (de empresários a estudantes), motivado por diversas razões, que não temos como prever. Particularmente aos administradores e engenheiros, cabe salientar quatro aspectos importantes, implícitos no conteúdo da obra e comentados a seguir.

1. **O sistema industrial é considerado um subsistema da biosfera.** Os sistemas produtivos são uma organização particular de fluxos de matéria, energia e informação. Sua evolução deve ser compatível com o funcionamento dos ecossistemas. Se não for, certamente os sistemas humanos estarão adotando padrões de destruição. São inúmeras as evidências do atual padrão destrutivo do sistema produtivo e, lamentavelmente, muitas delas irreversíveis, como as mudanças climáticas e a perda da biodiversidade.

   A Ecologia Industrial é uma ciência otimista, pois parte da premissa de que é possível reorganizar os fluxos de matéria e de energia que circulam pelo sistema industrial, de maneira a torná-lo um circuito quase inteiramente fechado e compatível com a vida do planeta. Com isso será possível tornar ambientalmente sustentáveis os sistemas criados pelo homem. Sem dúvida, administradores e engenheiros terão papel relevante na mudança do atual sistema de padrão destrutivo para o esperado padrão de desenvolvimento sustentável. Este livro traz os conceitos centrais, para que ocorra tal mudança.

2. **As mudanças para o esperado padrão de desenvolvimento sustentável já estão ocorrendo nos sistemas produtivos competitivos**. Nos capítulos 1, 2 e 3 são abordadas as mudanças em curso. Muitos dos conceitos apresentados no Capítulo 2 já fazem parte do dia-a-dia das empresas competitivas, como prevenção contra poluição, sistema de gerenciamento ambiental e produção mais limpa. Essas e outras ferramentas são uma resposta dos meios produtivos às fortes pressões ambientais e sociais. Administradores e engenheiros são, na maioria das vezes, os profissionais que fazem uso desses conceitos nas empresas. A Ecologia Industrial traz um avanço considerável na forma de pensar. Em vez de agir localmente e em curto prazo, como nas atuais ferramentas de gestão ambiental, a estratégia consiste em agir, de forma sistêmica, com resultados sustentáveis (local e globalmente, a curto e a longo prazo).

3. **As ferramentas da Ecologia Industrial existem e estão sendo aperfeiçoadas.** Este livro apresenta ferramentas que servem para implantar melhorias de desempenho ambiental nas empresas. De forma detalhada – mas sem a pretensão de esgotar o assunto, descreve-se a avaliação de ciclo de vida (ACV), o projeto para o meio ambiente (PMA) e os indicadores ambientais (Capítulo 4). Essas ferramentas são a maneira racional de se avaliar e comunicar, sob a óptica da Ecologia Industrial, se as mudanças propostas ou implementadas trazem a desejada melhoria de desempenho ambiental.

   Espera-se que, nas próximas décadas, tais ferramentas sejam aperfeiçoadas, tornando-se cada vez mais seguras como instrumentos de tomada de decisão. A avaliação de ciclo de vida e o projeto para o meio ambiente substituem o sistema atual de tomada de decisão, baseado unicamente em aspectos financeiros e técnicos, em que a questão ambiental é tratada como uma externalidade a ser controlada por técnicas de mitigação (conhecidas como "técnicas de final de tubo"). A prática e a consolidação das teorias existentes trarão aos administradores e engenheiros indicadores ambientais mais seguros, em relação ao esperado padrão de desenvolvimento sustentável dos sistemas produtivos.

4. **A Ecologia Industrial abre novas oportunidades para os negócios e para os governos.** O último capítulo é reservado para apresentação de algumas das experiências internacionais bem-sucedidas em Ecologia Industrial. A partir das inúmeras experiências de Ecologia Industrial realizadas por empresas, constatam-se as seguintes oportunidades de negócios:

   - redução de custos e obtenção de novos ganhos nas operações existentes (por exemplo, transformar perdas em ganhos, como resíduos em subprodutos);
   - obtenção de novos mercados, pela substituição de bens e serviços;
   - comercialização de novas tecnologias, materiais e processos;
   - prestação de serviços que sirvam de suporte para as mudanças organizacionais, técnicas e de informação necessárias a uma economia baseada na Ecologia Industrial;
   - integração de tecnologias e métodos que resultem na criação de novos sistemas;
   - consultoria, treinamento e serviços de informação, para que organizações privadas e públicas consigam realizar a transição para um padrão mais competitivo e sustentável.

   Para os governos, a Ecologia Industrial é um conceito necessário, a fim de que os responsáveis pelas políticas públicas e de regulamentações sejam mais eficazes, como, por exemplo:

   - nas abordagens sistêmicas de proteção ambiental; e
   - nas políticas de tecnologia e desenvolvimento econômico.

1 O PRINCÍPIO

"Com o aumento da população mundial, o descarte dos resíduos se tornou cada vez mais problemático. A poluição foi primeiramente notada e combatida por conta de resíduos tóxicos que, de alguma forma, prejudicavam diretamente a saúde humana."

Constatação dos problemas

Desde o início da história da humanidade, as populações utilizavam plantas nativas, animais e minerais, que eram transformados em ferramentas, vestuário e outros produtos. Os resíduos ou materiais excedentes de cada processo eram simplesmente descartados. Durante muito tempo, esse comportamento se mostrou bastante razoável, já que a população era pequena e podia se deslocar para novos locais. O ambiente se encarregava de absorver os resíduos descartados pelo homem, de forma que eram mínimos os impactos causados ao meio, podendo ser atribuídos à falta de poder para alterar o ambiente, já que não havia percepção do impacto. A produção, por mais primitiva que fosse, era sempre constituída por um sistema aberto, com fluxo linear de materiais. Minerais e metais empregados, por exemplo, para a fabricação de ferramentas, moedas e armas, foram usados por séculos. Na era pré-industrial, a antroposfera poderia ser considerada em equilíbrio com os demais elementos do sistema natural, e a humanidade, considerada parte do ecossistema natural. Por esse motivo, lidar com resíduos provenientes da produção de bens e serviços sempre foi, historicamente, considerado antieconômico, principalmente porque havia espaço suficiente para descartar o pequeno volume de lixo e resíduos e não havia limitação para matérias-primas.

Com o aumento da população mundial, o descarte dos resíduos se tornou cada vez mais problemático. A poluição foi primeiramente notada e combatida por conta de resíduos tóxicos que, de alguma forma, prejudicavam diretamente a saúde humana. Além disso, a relação humanidade/ambiente mudou radicalmente com a invenção das máquinas que multiplicaram a capacidade do homem de alterar o ambiente. A Revolução Industrial, iniciada no século XVIII, e a utilização de combustíveis fósseis em larga escala trouxeram uma série de conseqüências, hoje identificadas, que podem ser descritas como o resultado de um processo de crescimento descontrolado capaz de, eventualmente, destruir a biosfera:

- efeito estufa;
- destruição da camada de ozônio;
- acidificação do solo e de águas superficiais;
- dissipação de substâncias tóxicas no ambiente;
- acúmulo de substâncias não-biodegradáveis no ambiente;
- acúmulo de lixo radioativo;
- diminuição da área de florestas tropicais e da biodiversidade, etc.

Diversos setores da sociedade têm tomado consciência da pressão que o acúmulo de resíduos — além das substâncias tóxicas dissipadas no ambiente — pode exercer sobre o meio ambiente e, conseqüentemente, sobre a saúde e a qualidade de vida dos indivíduos. Foram identificados desperdícios notórios, como o grande volume de resíduos sólidos e a quase absoluta inexistência de iniciativas para sua redução na origem as indústrias. O excesso de embalagens descartáveis, aliado ao modo de vida urbano, é outro fator gerador de resíduos e da degradação ambiental. Outro agravante é a variedade de materiais descartados e sua natureza. Por exemplo: é relativamente fácil controlar a emissão de gases de uma fábrica ou a saída de efluentes líquidos. Porém o descarte dissipativo, como no caso dos herbicidas e pesticidas na agricultura, mostra-se difícil de controlar e também de quantificar.

Os métodos tradicionais para tratar tal volume de resíduos nem sempre têm êxito, e a conseqüente contaminação de sistemas aquáticos e do solo contribui para que se pressione mais a indústria no sentido de melhorar a situação. O número de impactos considerados inaceitáveis aumenta a cada dia, os padrões se tornam mais rígidos e os custos de descarte aumentam. Evidentemente, o processo de degradação ambiental tem início na produção. Da extração da matéria-prima ao descarte, detectam-se procedimentos de alto impacto não só na natureza, mas também sobre a saúde humana.

Gradualmente, a minimização de resíduos, a prevenção à poluição e a reciclagem devem se tornar atitudes inerentes às atividades industriais. E a idéia de produzir bens e serviços sem desperdícios deve fazer parte de nossas preocupações quotidianas. Às constatações de permanentes e variadas agressões ao ambiente soma-se o desperdício de energia e de recursos naturais. Já se consideram, na mesma ordem de importância, a conservação de matérias-primas não-renováveis e a conservação de energia, podendo-se detectar já uma clara evolução na atitude de governos e indústrias no que toca à proteção do meio ambiente.

A Ecologia Industrial é um novo conceito que surge para lidar com os problemas ambientais emergentes desse contexto. Com base em uma analogia que associa sistemas industriais com ecossistemas, a Ecologia Industrial considera que todos os resíduos/materiais devem ser continuamente reciclados dentro do sistema e somente a energia solar ilimitada seria utilizada de forma dissipativa.

A utilização da analogia traz à tona uma questão sobre o papel do ser humano na Terra, ou seja, seu posicionamento perante a natureza. Juntamente com a capacidade de conceituar/verbalizar e de modificar/controlar/dominar o ambiente, a habilidade de desenvolver tecnologias gerou a sensação de que a existência humana é "excepcional", podendo ser considerada à parte da natureza. Essa percepção do papel do ser humano predominou nos séculos XIX e XX e o ambiente era adequado às necessidades e desejos humanos.

Pela analogia do sistema industrial com os ecossistemas, a Ecologia Industrial resgata a idéia de que a antroposfera é parte da biosfera e que somente pode existir em equilíbrio dinâmico com as outras partes do sistema, a atmosfera, a hidrosfera e a litosfera. Apesar de esse conceito parecer, à primeira vista, pouco realista e de aplicação impossível aos sistemas industriais que conhecemos, os princípios da Ecologia Industrial fornecem uma base para o desenvolvimento de um sistema industrial que vise a sustentabilidade.

Outro aspecto relevante na utilização da analogia é a visão sistêmica do ambiente. O pensamento tradicional é essencialmente reducionista, ou seja, sistemas complexos são estudados por partes e explicados como um conjunto dessas partes. Entretanto, esse tipo de abordagem faz com que se perca a visão do sistema como um todo e das interações deste e de suas partes com o ambiente. A Ecologia Industrial propõe o estudo do sistema industrial inserido no ambiente, e não somente o estudo de um conjunto de empresas. A implicação dessa abordagem está na percepção de como os materiais extraídos do ambiente para a produção de bens devem eventualmente retornar a ele.

Histórico da Ecologia Industrial

A Ecologia Industrial está baseada no estudo de sistemas e na Termodinâmica. As metodologias para o estudo de sistemas foram desenvolvidas por Jay FORRESTER(1968 E 1971), nos anos 60 e 70. Donella e Dennis MEADOWS (1972) utilizaram a análise de sistemas para simular a degradação ambiental do planeta, alertando para insustentabilidade do sistema industrial vigente.

O conceito de Ecologia Industrial pode ser encontrado na literatura – embora não explicitamente – desde os anos 70, mas a associação indústria-ecologia se manifesta de forma dispersa, ao longo das três décadas seguintes. Alguns ecologistas há tempos tinham percepção do sistema industrial como um subsistema da biosfera, e que, demandando recursos e serviços desta, devia ser analisado conjuntamente. Destacamos a seguir alguns desses ecologistas.

Em 1971, Eugene P. ODUM escreveu *Fundamentals of ecology*, uma das referências básicas da Ecologia, na qual o autor resgata a idéia de que os sistemas humanos — e portanto os sistemas industriais — estão inseridos no ambiente. No mesmo ano, foi publicado *Environment power and society*, de Howard T. Odum, em que o autor analisa a integração de sistemas, a partir de fluxos de energia, com ênfase na interação entre os sistemas, industriais e ecológicos. Uma das primeiras ocorrências da expressão "ecossistema industrial" pode ser encontrada em um artigo de 1977, do geoquímico norte-americano Preston Cloud, apresentado no Encontro Anual da Associação Geológica Alemã. O trabalho foi dedicado a Nicholas Georgescu-Roegen, um defensor do estudo da economia com base na Termodinâmica e o pioneiro da bioeconomia. Diversos artigos tratando do que foi chamado "tecnologia e produção sem resíduos" foram também apresentados no seminário promovido pela Comissão Econômica para a Europa, da Organização das Nações Unidas (ONU), em 1976. Até aquele momento, as tentativas para se discutir o novo conceito haviam tido uma repercussão limitada. Porém, no Japão, a idéia de considerar a atividade econômica num contexto ecológico se desenvolveu de uma parceria entre Estado e indústria privada, a partir de 1970, o que fez do país pioneiro na área.

No Ocidente, surgiram diversos trabalhos na década de 80, em diferentes países, dos quais podemos citar a obra coletiva Ecossistema belga. Desenvolvido por uma equipe multidisciplinar constituída por biólogos, químicos e economistas, trata de idéias hoje defendidas pela Ecologia Industrial, como considerar resíduos como matéria-prima para outros processos, enfatizar a importância da circulação de materiais no sistema e acompanhar os fluxos de energia do sistema.

A idéia de descrever os fluxos de material e energia, inerentes aos processos industriais como um sistema metabólico, foi introduzida por Robert U. Ayres com a expressão "metabolismo industrial". O conceito se fundamenta basicamente na aplicação de balanços de massa à circulação de materiais e balanços de energia ao longo dos processos produtivos.

Apesar de todas as tentativas anteriores, o conceito de Ecologia Industrial tornou-se mundialmente conhecido a partir da publicação do artigo de Robert Frosch e Nicholas Gallopoulos, na conceituada revista *Scientific American em 1989*. O título originalmente proposto pelos autores, "Manufatura a visão do ecossistema industrial", foi rejeitado pela editoria, que o mudou para "Estratégias de manufatura". Frosch e Gallopoulos argumentam ser possível desenvolver métodos de produção menos danosos ao meio ambiente, substituindo-se os processos isolados por sistemas integrados, que eles chamaram de "ecossistemas industriais". Estes modificariam, tanto quanto possível, a lógica de produção isolada, baseada apenas na utilização de matérias-primas, que resulta em produtos e resíduos, substituindo-a por sistemas que possibilitassem o aproveitamento interno de resíduos e subprodutos, com redução das entradas e saídas externas.

Apesar de as idéias apresentadas por Frosh e Gallopoulos não serem totalmente originais, seu artigo é considerado o primeiro passo no desenvolvimento da Ecologia Industrial. A partir dos anos 90, o conceito de Ecologia Industrial passou a receber considerável atenção, tanto do setor acadêmico, quanto do econômico e social.

Em 1991, a National Academy of Science considerou o desenvolvimento da Ecologia Industrial como um novo campo de estudos. Em 1994, foi publicado o primeiro livro sobre o tema (*The greening of industrial ecosystems* ALLENBY *e* RICHARDS, *1994*), que identifica as ferramentas da Ecologia Industrial, como o projeto para o ambiente (PMA), a avaliação do ciclo de vida (ACV) e a contabilidade ambiental.

Apesar de, no início do século XXI, a história da Ecologia Industrial já somar pelo menos trinta anos, os sistemas industriais e os novos projetos ainda não refletem suas idéias. Isso se deve, em parte, à falta de percepção da sociedade quanto à necessidade desse tipo de projeto e, nesse sentido, o desenvolvimento da economia ecológica se torna crucial. Além disso, nossa habilidade é ainda limitada para desenvolver e modelar sistemas complexos e para entender sua interface com o ambiente. Finalmente, nossa compreensão do próprio sistema ecológico, que pretendemos imitar, e dos efeitos que nele provocamos ainda é fonte de muitas dúvidas e lacunas. Dessa forma, a Ecologia Industrial constitui tanto um contexto para ação, como um campo para pesquisa.

A história do desenvolvimento da Ecologia Industrial contou com a participação de um grande número de pensadores, alguns originários do meio acadêmico, outros da indústria. Este capítulo inicial não contempla todos os eventos e personagens envolvidos na evolução do novo conceito. Entretanto, a descrição de algumas das principais contribuições oferece um quadro geral do desenvolvimento do conceito e um guia introdutório para um estudo mais aprofundado da Ecologia Industrial.

A Ecologia Industrial encontra-se, hoje, em uma etapa de construção, mas já se percebe seu grande potencial frente aos problemas ambientais. Engenheiros e administradores podem encontrar nesse conceito um vasto campo para ação e para estudos numa área em que novas soluções são necessárias – se não obrigatórias. A Ecologia Industrial oferece um caminho para as empresas explorarem seus recursos (incluindo seus resíduos), de uma forma que resgata a interdependência do homem e da biosfera.

O objetivo da Ecologia Industrial é formar uma rede de processos industriais mais elegante e com menos desperdício. Uma sociedade industrial mais elegante, uma economia mais inteligente são mudanças em que engenheiros e administradores deverão se engajar, em conjunto com políticos, economistas e cidadãos.

Tabela 1-1 Principais contribuições para a Ecologia Industrial

Autor	Ano	Publicação	Comentário
E. P. Odum	1971	*Fundamentals of ecology*: uma das referências básicas da Ecologia	Os sistemas humanos inseridos no meio ambiente
H. T. Odum	1971	*Environment power and society*	Integração de sistemas a partir de fluxos de energia; a interação entre sistemas industriais e ecológicos
N. Georgescu-Roegen	1971	The entropy law and the economic process	Processos econômicos descritos pelo uso de energia e do segundo princípio da Termodinâmica
C. Hall	1980		Divulgação do conceito de ecossistemas industriais
J. Vigneron	1980		Um dos primeiros a lançar o conceito de Ecologia Industrial
R. Frosch N. Gallopoulos	1989	Escrevem o artigo "Estratégias da manufatura", na revista *Scientific American*	Desenvolvimento de métodos de produção industrial de menor impacto sobre o ambiente
Braden Allenby	1994	*The greening of industrial ecosystems*: o primeiro livro sobre Ecologia Industrial	Autor da primeira tese de doutorado contendo idéias relacionadas com o desenvolvimento da Ecologia Industrial
Hardin Tibbs	1991	*Industrial ecology. Environmental agenda for industry*	Brochura que reproduz idéias de Frosch e Gallopoulos, com a linguagem e retórica do mundo dos negócios
Don Huisingh (ed.)	1997	*Journal of Cleaner Production*	Publica um número especial dedicado à Ecologia Industrial
Reid Lifset (ed.)	1997	*Publicação do Journal of Industrial Ecology*	

2
RUMO À ECOLOGIA INDUSTRIAL

"A aplicação generalizada dos tratamentos de final de tubo vem sendo reanalisada pelas empresas, pois a solução essencialmente técnica aplicada aos resíduos se traduz em grandes desembolsos..."

Alguns conceitos

Práticas de remediação e de tratamento mostraram-se insuficientes para lidar com o problema ambiental. Nas últimas décadas, conceitos foram desenvolvidos como resposta a pressões exercidas, tanto pelo próprio meio ambiente, como pela sociedade. Destacam-se, neste capítulo, as filosofias mais significativas e suas ferramentas. Cabe ressaltar que esses conceitos são relativamente novos e, em alguns casos, as definições se interceptam e/ou se sobrepõem. Dessa forma, algumas opções, como limitações ou valorizações de algumas características, podem ser consideradas preferência dos autores.

Final de tubo

O meio tradicional de combate à poluição é o emprego de sistemas de final de tubo (*end of pipe*), ou seja, o tratamento de resíduos e efluentes. Nesse tipo de abordagem, o tratamento e o controle dos poluentes ocorrem depois que estes são gerados. Em muitos casos, esses tratamentos são bastante sofisticados e efetivos. Há também casos em que os resíduos e emissões não são eliminados, mas somente transferidos de um meio para outro (por exemplo, da água para o solo). Os sistemas de final de tubo podem incluir o tratamento de água, de ar e de resíduos sólidos. As mais variadas tecnologias foram desenvolvidas com esse objetivo, como sistemas químicos e biológicos para tratamento de água, sistemas de filtração para água e ar, métodos de compostagem e aterros para resíduos sólidos. Para

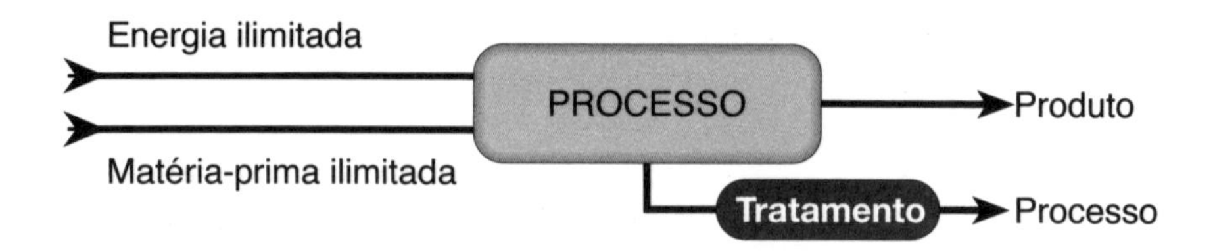

Figura 2-1 Representação de uma empresa convencional, em que tanto a capacidade de carga do ambiente como as quantidades de matéria-prima e de energia são consideradas ilimitadas.

cada efluente haverá, provavelmente, várias opções de tratamentos, igualmente aceitáveis, com diferenças na qualidade, no custo e na performance ambiental.

Essa forma de combate à poluição surgiu de ações regulamentares, que passaram a proibir o descarte de poluentes específicos - como substâncias tóxicas, com o objetivo de prevenir ou minimizar a contaminação do ambiente por materiais perigosos. Esse tipo de ação é chamado de comando e controle e se manteve como única forma de controle do meio ambiente, até o final dos anos 70.

Dependendo do caso, até uma ação de final de tubo isolada pode ser considerada uma ação em prol do meio ambiente, dentro de contextos mais amplos. Entretanto, ações desse tipo trazem implícita a idéia de que a quantidade de matéria-prima e de energia do planeta é ilimitada e que o ambiente apresenta capacidade também ilimitada de absorver resíduos, sejam eles tratados ou não (Fig. 2-1).

Essa abordagem é essencial para muitas indústrias, como as que descartam resíduos tóxicos. Entretanto, um controle assim, além de não apresentar uma solução final para o problema dos resíduos, acaba se constituindo num aumento de custo para o produtor. Por outro lado, a utilização de um tratamento inadequado resulta em desperdício de capital e em pouca proteção para o ambiente. O tratamento de emissões e resíduos não agrega valor ao produto e, por isso, deve ser considerado como último recurso. A opção mais sensata consiste em minimizar esse tipo de tratamento, interferindo no sistema para evitar ou diminuir a quantidade de resíduo a ser descartada.

Como exemplo de tratamento de final de tubo, vamos examinar a fabricação de conservas, muito comum nos países asiáticos (Yi *et al.*, 2001). Nessa indústria, a salmoura utilizada na produção e as sucessivas lavagens da conserva resultam numa enorme descarga de sal nos efluentes da fábrica. Para atender à legislação, a salmoura usada na manufatura é misturada com as águas de lavagem e essa mistura passa por um tratamento convencional de final de tubo (Fig. 2-2).

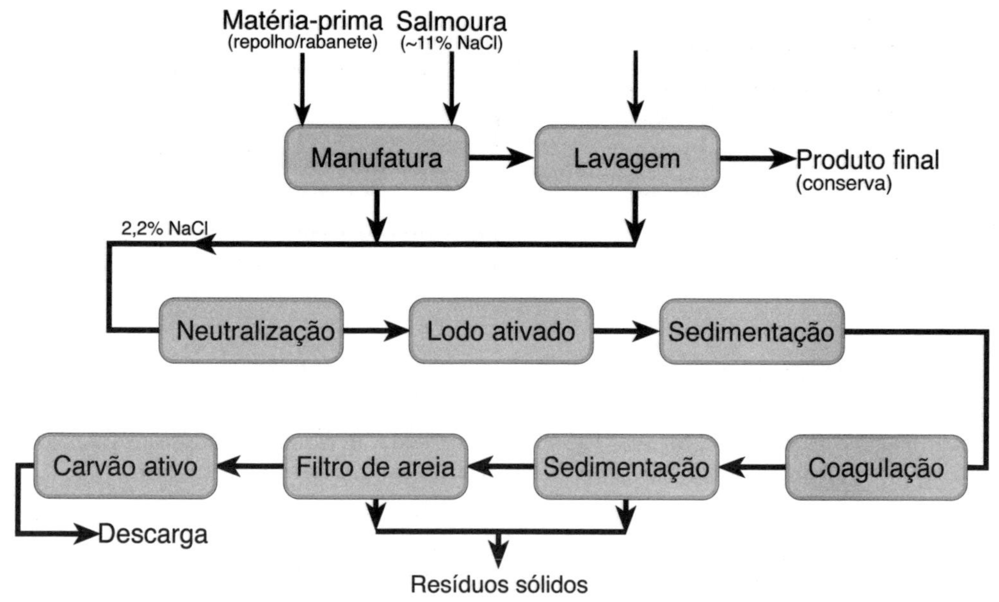

Figura 2-2 Fluxograma simplificado do tratamento de final de tubo aplicado à indústria de conservas.

Observa-se no fluxograma da figura que toda a água que entra no sistema passa pelo tratamento e é descartada no ambiente. Da mesma forma, todo o sal (matéria-prima) é utilizado apenas uma vez e descartado. O tratamento com lodo ativado, que utiliza colônias de microrganismos para remover a carga orgânica da solução, é difícil, devido à alta salinidade do efluente. A qualidade do efluente descartado depende do uso de grande quantidade de água e do rígido controle das etapas de tratamento.

A aplicação generalizada dos tratamentos de final de tubo vem sendo reanalisada pelas empresas, pois a solução essencialmente técnica aplicada aos resíduos se traduz em grandes desembolsos, que nem sempre podem ser amortizados em sua totalidade. Além disso, a redução obtida no impacto ambiental é muitas vezes mínima, pois os resíduos são apenas transferidos de um meio para outro, com o agravante de consumo de energia e de material.

Prevenção da poluição (PP ou P2)

Um segundo passo no controle de emissões e resíduos foi o Programa de Prevenção à Poluição, lançado pela Agência de Proteção Ambiental (Environmental Protection Agency - EPA), dos Estados Unidos. Essa iniciativa visa reduzir a poluição por meio de esforços cooperativos entre indústrias e agências governamentais, com base na troca de informações e na oferta de incentivos.

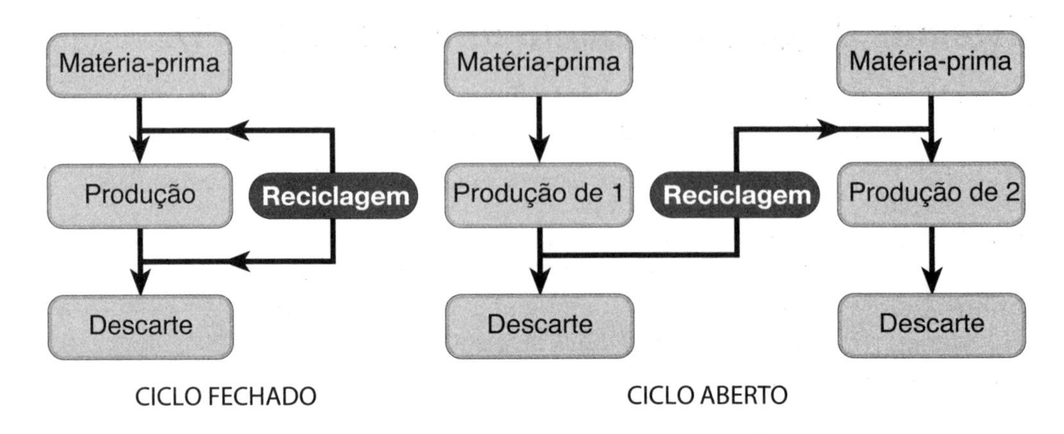

Figura 2-3 Ciclos de reciclagem. No ciclo aberto, o resíduo é aproveitado por terceiros para produção de um novo produto. No ciclo fechado, o resíduo é reutilizado no próprio processo.

A expressão "prevenção à poluição" é empregada predominantemente nos Estados Unidos para descrever atividades que minimizam impactos ambientais. Pela própria origem e denominação, pode-se imaginar que a prevenção à poluição tende a ser mais normativa e em geral mais focalizada nos processos de poluição em si. De acordo com a EPA, um programa de prevenção à poluição deve considerar:

- a redução ou total eliminação de materiais tóxicos, pela substituição de materiais no processo de produção, pela reformulação do produto e/ou pela instalação ou modificação de equipamentos de processo;
- implantação de ciclos fechados de reciclagem (Fig. 2-3);
- desenvolvimento de novas técnicas que auxiliem na implantação de programas de prevenção à poluição.

Não se pretende que programas de prevenção à poluição englobem técnicas de remediação, tratamentos de resíduos (final de tubo), reciclagem em circuito aberto (Fig. 2-3), incineração para recuperação de energia, descarte, transferência de resíduos de uma parte para outra do ambiente e nem mesmo incorporação de resíduos a outros produtos. Considera-se que essas práticas não atuam na redução da quantidade de resíduos ou poluentes, mas tão-somente corrigem impactos causados pela geração de resíduos.

Para implantar programas de prevenção à poluição e mesmo para sistemas de final de tubo, faz-se uso de ferramentas que auxiliam a entender o sistema em operação e permitem traçar estratégias para ações de longo prazo e também auxiliam na melhoria da imagem da empresa. Entre estas, podemos citar:

- os sistemas de gerenciamento ambiental (SGA); e
- os relatórios públicos ambientais.

Sistemas de gerenciamento ambiental (SGA)

Tal como um sistema de gerenciamento financeiro, que monitora receitas e despesas e permite checagens regulares do desempenho financeiro da empresa, o sistema de gerenciamento ambiental (SGA), monitorando entradas e saídas de materiais, integra o controle ambiental nas operações rotineiras da empresa e permite planejamento a longo prazo das ações necessárias para a melhoria do sistema como um todo. Um SGA é uma ferramenta para se lidar com o impacto das atividades de uma empresa no ambiente, fornecendo uma visão estruturada para planejar e implementar medidas de proteção ambiental. Os benefícios da implementação de um SGA incluem:

- maximização da eficiência no uso de reservas naturais;
- redução de resíduos;
- melhoria da imagem da empresa;
- crescimento da educação ambiental dos funcionários;
- maior compreensão quanto ao impacto causado pelas atividades da empresa;
- aumento dos lucros, em conseqüência do melhor desempenho ambiental pela implantação de operações e processos mais eficientes.

O padrão para implantação de um SGA é a certificação ISO 14001, desenvolvida dentro da série ISO 14000, pela International Organization for Standardization (ISO). Trata-se de uma coletânea de procedimentos padronizados que auxilia as empresas na implementação de um sistema de gerenciamento ambiental efetivo.

Relatório público ambiental

Consiste numa apresentação pública e voluntária do desempenho ambiental de organizações e empresas, correspondente a um período específico, como o ano fiscal. Esse tipo de relatório pode ser encontrado no site da empresa, e permite aos consumidores tomar conhecimento da minimização de seu impacto ambiental durante determinado período. Ao mesmo tempo, o relatório fornece aos investidores dados relativos aos benefícios econômicos alcançados, em função do cumprimento de metas ambientais preestabelecidas.

Em geral, os relatórios listam as emissões anuais de determinados componentes químicos, expressos em fluxos de massa, como quilogramas por ano (kg/ano). E os objetivos ambientais são especificados para cada componente, como a taxa anual para emissão de dióxido de carbono (CO_2) ou óxidos de nitrogênio (NO_x). Essa abordagem apresenta duas desvantagens:

- esclarece pouco sobre o efeito da redução de determinado produto no ambiente, já que as substâncias químicas não são igualmente tóxicas e sua influência sobre o meio depende de vários fatores, além da quantidade;

- devido ao grande número de substâncias descartadas no ambiente, as listas tornam-se de difícil compreensão e as metas estabelecidas para cada substância parecem arbitrárias.

Produção Mais Limpa

Em 1989, a expressão "Produção Mais Limpa" foi lançada pela Unep (United Nations Environment Program) e pela DTIE (Division of Technology, Industry and Environment):

> "Produção Mais Limpa é a aplicação contínua de uma estratégia integrada de prevenção ambiental a processos, produtos e serviços, para aumentar a eficiência de produção e reduzir os riscos para o ser humano e o ambiente."

A Produção Mais Limpa visa melhorar a eficiência, a lucratividade e a competitividade das empresas, enquanto protege o ambiente, o consumidor e o trabalhador. É um conceito de melhoria contínua que tem por conseqüência tornar o processo produtivo cada vez menos agressivo ao homem e ao meio ambiente. A implementação de práticas de Produção Mais Limpa resulta numa redução significativa dos resíduos, emissões e custos. Cada ação no sentido de reduzir o uso de matérias-primas e energia, prevenir ou reduzir a geração de resíduo, pode aumentar a produtividade e trazer benefícios econômicos para a empresa.

O principal ponto desse conceito é a necessidade de desenvolver mais e mais os processos de produção, passo a passo, com a análise contínua do processo, melhorando e otimizando o processo antigo e/ou implementando total ou parcialmente novos processos. Em geral, as melhorias e inovações advêm de um programa simples de gerenciamento e ocorrem como resposta às condições reais enfrentadas pelos indivíduos envolvidos no processo.

A Produção Mais Limpa é uma filosofia proativa que permite antecipar e prever possíveis impactos. Simpatizantes dessa filosofia afirmam que a Produção Mais Limpa pode ser utilizada ao longo de todo o ciclo de vida de um produto, desde a fase de projeto, passando pela fase de consumo, até sua disposição final. Com isso, a Produção Mais Limpa ampliaria seu raio de ação. Nesse caso, o fabricante controlaria todos os estágios da vida do produto, incluindo a pré-manufatura, que pode ser influenciada pela interação fabricante/fornecedor. Sob essa abordagem, quatro etapas podem ser propostas. Em primeiro lugar, substituir matérias-primas, considerando o significado ambiental da utilização de matérias-primas não-renováveis. Em seguida, observar a necessidade de melhorar o processo de manufatura, definir a real necessidade de insumos e estabelecer a viabilidade da reutilização/reciclabilidade de subprodutos. Em uma terceira etapa, as implicações ambientais de embalagem e distribuição do produto são também consideradas. E, por último, o produto

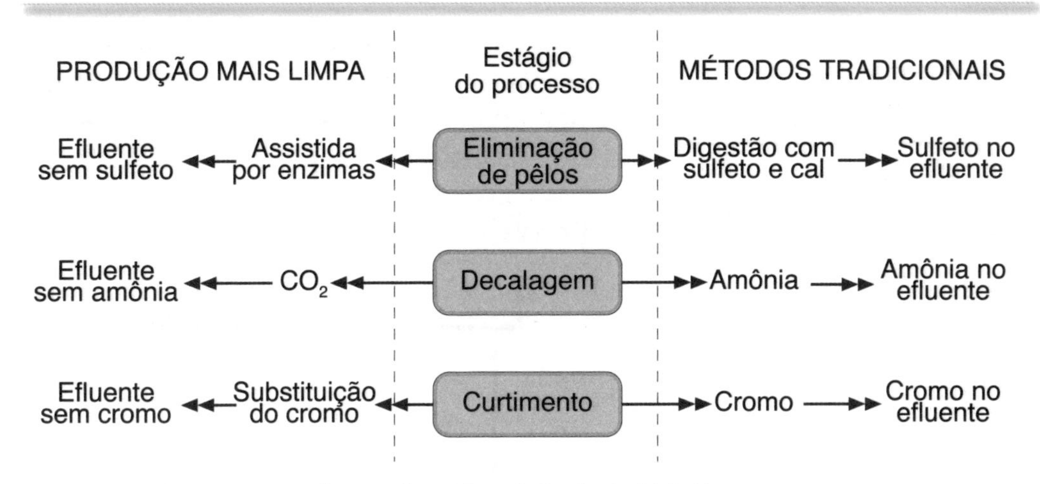

Figura 2-4 Aplicação de práticas de Produção Mais Limpa em curtumes.

em si não deve ser classificado como produto final, mas sim como intermediário, pois pode ser reutilizado ou reciclado no final de sua vida útil.

Não são considerados parte da Produção Mais Limpa o tratamento de efluentes, a incineração e até a reciclagem de resíduos fora do processo de produção, já que não implicam em diminuição da quantidade de resíduos ou poluentes na fonte geradora, mas atuam somente de forma corretiva sobre o impacto causado pelo resíduo gerado. A Produção Mais Limpa prioriza os esforços dentro de cada processo isolado, colocando a reciclagem externa entre as últimas opções a considerar. Busca-se maximizar as intervenções no processo, com vistas à economia de matérias-primas e à minimização dos resíduos. Esse tipo de intervenção dificilmente é alcançado pela transferência direta de tecnologia avançada de um país para outro, mas aplica idéias fornecidas em grande parte pelos próprios trabalhadores envolvidos no processo. Novas tecnologias devem ser criadas ou adaptadas, de acordo com as condições geográficas e econômicas de cada país e de cada empresa.

Entre as ações da Produção Mais Limpa podemos citar a substituição de materiais, mudanças parciais do processo (como substituição de catalisadores ou materiais tóxicos), redução da emissão de substâncias tóxicas e outras melhorias na fabricação de produtos que, de uma forma ou de outra, acabam direta ou indiretamente diminuindo o impacto do processo sobre o meio ambiente.

A filosofia proativa da Produção Mais Limpa é a antítese do antigo tratamento *end of pipe*. Um exemplo é a aplicação dessas práticas na indústria de curtume. Avaliações do processo com base na Produção Mais Limpa identificaram soluções que podem trazer benefícios econômicos e ambientais. Por exemplo, o aumento de temperatura e controle do pH do banho de curtimento, que aumenta a fixação do cromo nas peles, e a reciclagem do cromo utilizado com reposição parcial do sal no banho de curtimento, que reduz a descarga de cromo no efluente. A Fig. 2-4 mostra outras opções para aplicação de práticas de Produção Mais Limpa em curtumes.

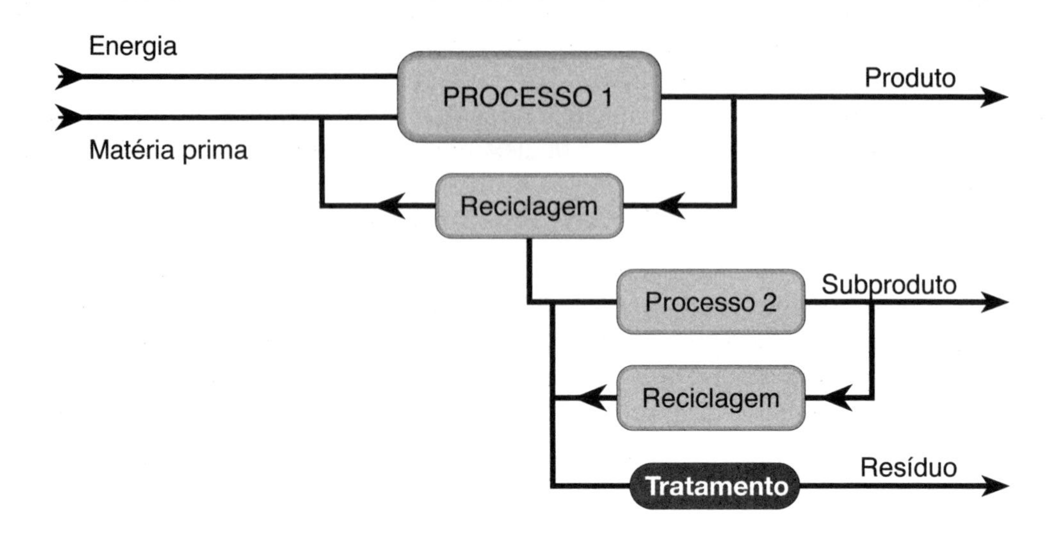

FIGURA 2-5 Representação de uma empresa, onde são aplicados conceitos de Produção Mais Limpa.

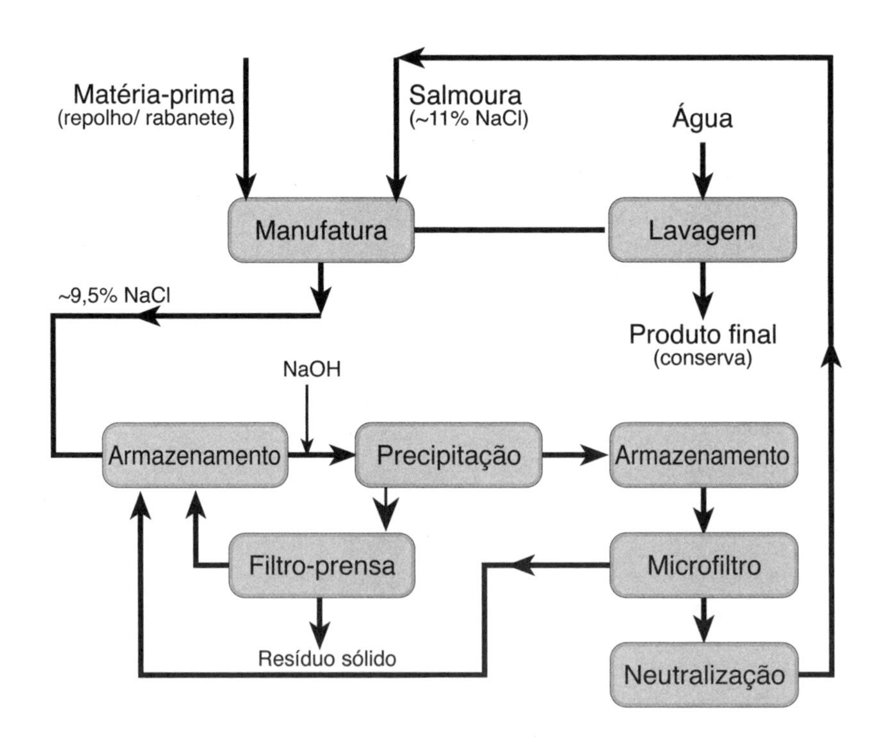

FIGURA 2-6 Representação de um sistema de reciclagem de salmoura.

Geralmente, as práticas de Produção Mais Limpa, que reduzem a quantidade de reagentes tóxicos descartados no ambiente, são simples e de fácil execução. Consistem em otimizar processos isolados e em fazer com que materiais, como água e matéria-primas, circulem o máximo possível dentro do processo antes do descarte, resultando em melhor aproveitamento de matéria-prima e energia (Fig. 2-5). Retomando o exemplo da fábrica de conservas, observa-se que uma solução baseada nos princípios da Produção Mais Limpa (Fig. 2-6) favorece a permanência da matéria-prima dentro da planta de produção (Yi *et al.*, 2001). O sistema de reciclagem estabelecido para a salmoura utilizada reduz o consumo de água e de sal. Da mesma forma, a quantidade de efluente a ser tratada é menor.

A implementação de processos de reutilização/reciclagem ou produção de subprodutos vendáveis aumenta o fluxo de materiais dentro da unidade industrial e tem como conseqüência a diminuição da geração de resíduo. A colocação em prática dessas soluções resulta em aumento de produtividade e melhoria na qualidade dos produtos.

A utilização de ferramentas possibilita alcançar os objetivos desejados. No caso da Produção Mais Limpa, associam-se as Tecnologias Mais Limpas.

Tecnologias Mais Limpas

Na definição de Tecnologia Mais Limpa, também encontramos contradições e sobreposições de conceitos. Segundo o grupo de trabalho do setor de alimentos da UNEP, Tecnologia Mais Limpa é um processo aplicado que, por sua natureza, reduz a produção de efluentes ou outros resíduos, maximiza a qualidade do produto, bem como o uso de matérias-primas e energia. Tecnologias Mais Limpas são atividades da Produção Mais Limpa, que se aplicam aos processos de fabricação e manufatura considerando a melhor integração entre os subsistemas de produção para minimizar os danos ambientais e maximizar a eficiência na produção com relação à utilização de insumos e à produção de resíduos.

Na prática, as tecnologias mais limpas são escolhidas em termos comparativos, ou seja, devem ser melhores e mais adequadas que outras tecnologias. Isso se deve ao fato de a procura por uma tecnologia que permita utilizar totalmente os insumos, sem geração de resíduo, ser um objetivo impossível de atingir. O processo de escolha pode envolver decisões conflitantes. A consideração pelo meio ambiente estará sempre inserida em meio a outras relativas ao produto (qualidade, durabilidade, utilização, processo, matérias-primas) e, em alguns casos, pode ser uma opção de difícil implementação. Assim, esse tipo de escolha nem sempre é tão simples e espera-se que seja selecionada a opção mais limpa, entre outras equivalentes.

A principal diferença entre as tecnologias mais limpas e os métodos de controle de final de tubo é temporal: as tecnologias mais limpas são preventivas, aplicadas para evitar futuros problemas, ao passo que as tecnologias de final de tubo controlam a poluição após o evento, fazendo parte da abordagem tradicional de reagir ao problema. Tecnologias mais limpas são também utilizadas em programas de prevenção à poluição.

Por outro lado, se a Tecnologia Mais Limpa, apesar de gerar benefícios econômicos e ambientais, ficar restrita a uma única empresa, permanecerá limitada: a Produção Mais Limpa, da forma como foi concebida, falha ao tentar atingir o desenvolvimento sustentável. Entretanto, esses conceitos continuam evoluindo e se aprimorando.

Aplicações da Produção Mais Limpa

No Brasil, essas práticas já estão bastante disseminadas. A Companhia de Tecnologia e Saneamento Básico do Estado de São Paulo (Cetesb) mantém a Mesa Redonda Paulista de Produção Mais Limpa para tratar de assuntos relativos à Produção Mais Limpa, Prevenção à Poluição e Sistemas de Gestão Ambiental. Essa divisão lançou projetos de Produção Mais Limpa e de Prevenção à Poluição em segmentos industriais-chave, como galvanoplastia, têxtil e cerâmica. A Cetesb, durante sua atuação junto às indústrias, identificou significativos casos de êxito na adoção de medidas destinadas a reduzir a poluição na fonte geradora. A Tab. 2-1 apresenta alguns exemplos práticos da adoção da Produção Mais Limpa nos mais diversos setores produtivos.

Tabela 2-1 Exemplos de aplicação de Produção Mais Limpa

Empresa	Problema	Medidas implantadas	Resultados
Cermatex Indústria de Tecidos Ltda.	Elevada carga orgânica no efluente gerado no processo de engomagem	Substituição do amido natural bruto por amido solúvel Instalação de tanques de armazenagem de goma para recozimento Reestudo geral das formulações de gomas	Redução de 50% na carga orgânica do efluente gerado. Diminuição no consumo de amidos Redução de 10% no consumo de água e de energia no processo de beneficiamento Redução de 1,5% no custo final do produto
Freios Varga S.A.	Consumo alto de água na lavagem das peças	Instalação de dispositivo de medição da condutividade, que controla a reposição da água de lavagem	Redução de 50% no consumo de água Redução dos custos de operação do sistema de tratamento de efluentes
Ferro Enamel do Brasil S.A.	Resíduos sólidos classe I na fábrica de pigmentos de São Bernardo do Campo	Reincorporação do lodo proveniente da ETE ao processo produtivo	Eliminação da necessidade de dispor o lodo classe I Redução de 2% no consumo de matéria-prima

Fonte: (www.cetesb.org.br).

Outros centros de Produção Mais Limpa são mantidos no país pelo Serviço Nacional de Aprendizagem Industrial (Senai, www.senai.com.br) e por grupos de pesquisa estabelecidos em universidades, como, por exemplo, o grupo de Tecnologias Limpas e Minimização de Resíduos (Teclim), sediado na Universidade Federal da Bahia (www.teclim.ufba.br).

Ecoeficiência

A Unep não diferencia Ecoeficiência de Produção Mais Limpa. Entretanto, o World Business Council for Sustainable Development (WBCSD) utiliza o conceito de Ecoeficiência, de modo fortemente associado ao impacto dos negócios no ambiente:

> **"Ecoeficiência se define pelo trabalho direcionado a minimizar impactos ambientais, devido ao uso minimizado de matérias-primas: produzir mais com menos."**

Em termos simples, atinge-se a Ecoeficiência de "produzir mais com menos" pela eficiente utilização de reservas em processos econômicos. A Ecoeficiência seria então alcançada pela produção de bens e serviços a preço competitivo e, ao mesmo tempo, reduzindo progressivamente o impacto ambiental e a exploração de reservas para um nível suportável pela capacidade estimada do planeta. A WBCSD identifica sete idéias centrais da Ecoeficiência:

- reduzir a quantidade de matéria em bens e serviços;
- reduzir a quantidade de energia em bens e serviços;
- reduzir a dispersão de material tóxico;
- aumentar a reciclagem de material;
- maximizar o uso de fontes renováveis;
- aumentar a durabilidade dos produtos;
- aumentar a quantidade de bens e serviços.

A Ecoeficiência indica um caminho para se romper a ligação crescimento econômico/impacto ambiental, o que seria alcançado pela redução no uso de energia e de reservas naturais, e pelo aumento da eficiência dos processos. A Ecoeficiência é, também, uma filosofia proativa, reconhecida pelos setores industriais, e que pode trazer vantagens competitivas, quando a empresa precisa lidar com regulamentações ambientais mais severas, pressões da comunidade por melhor desempenho ambiental, crescimento da demanda por produtos e serviços ambientalmente amigáveis, e atendimento de padrões internacionais.

Produção Mais Limpa, Ecoeficiência e Prevenção à Poluição

Como se pôde notar, as três definições têm vários pontos similares e complementares. Os conceitos fornecem estratégias que os negócios podem utilizar para, simultaneamente, melhorar seu desempenho e sua interação com o ambiente.

A Prevenção à Poluição tem caráter mais normativo, estando vinculada a programas promovidos por agências de proteção ambiental. Visa claramente minimizar o impacto ambiental causado por resíduos, não se preocupando com as possíveis conseqüências financeiras que tal minimização venha a causar nas empresas. A Ecoeficiência combina eficiência econômica e ecológica, de forma a "fazer mais com menos". Ou seja, o objetivo é produzir maior quantidade de produtos e serviços com menos energia, utilizando, o mínimo possível, as reservas naturais de matérias-primas. Uma empresa ecoeficiente agrega grande valor a suas matérias-primas, gerando pouco resíduo e poluição. E a Produção Mais Limpa fornece estratégias para melhorar continuamente produtos, serviços e processos, em conseqüente benefício econômico, redução de poluentes e de geração de resíduos na fonte.

Produção Mais Limpa e Ecoeficiência são conceitos mais fortemente ligados, quanto a gerar benefícios tanto para a empresa como para o ambiente, mas diferem na abordagem empregada para atingir os objetivos. A Ecoeficiência focaliza o incremento da eficiência nas reservas naturais para produção de bens e serviços. Há uma ligação direta entre o desempenho ambiental e o desempenho financeiro, sendo o principal objetivo utilizar as reservas naturais de forma eficiente. Já a Produção Mais Limpa tende a centralizar o foco na maior eficiência no uso de materiais, energia, processos e serviços. Dessa forma, o consumo de reservas naturais é minimizado, assim como são minimizadas a poluição e a quantidade de resíduos, em conseqüentes benefícios econômicos e ambientais.

Esses termos – e outros, como "produtividade verde" – ora são empregados como sinônimos, ora como conceitos distanciados. De qualquer modo, ambos são instrumentos importantes no processo de mudança de postura da indústria frente aos problemas da poluição e da preservação ambiental.

3 ECOLOGIA INDUSTRIAL

"A Ecologia Industrial é tanto um contexto para ação, como um campo para pesquisa."

A Ecologia Industrial é uma nova abordagem que, com menos de três décadas, já se encontrava amplamente reconhecida, pela forma sistêmica com que analisa o sistema industrial, seus produtos, resíduos e a interação destes com o meio ambiente.

A indústria é a maior responsável pela dispersão de substâncias tóxicas no meio ambiente e por isso torna-se urgente, e necessário promover mudanças na forma de tratar os problemas ambientais. Remediar e controlar os poluentes tornou-se insuficiente, sendo necessário direcionar os esforços no sentido de reduzir e, principalmente, prevenir o descarte de substâncias nocivas no ambiente.

O conhecimento de tecnologias amigáveis ao meio ambiente e de estratégias para prevenir e minimizar o dano ambiental causado pelos processos industriais tem ganho considerável importância, em especial no que diz respeito às novas habilidades exigidas dos engenheiros. A integração dessas tecnologias e estratégias ao currículo dos engenheiros é essencial, neste início de século, e o aprendizado dos novos enfoques surgidos nas últimas décadas deve ser distribuído por toda a grade curricular da Engenharia. Nesse sentido, os cursos de Engenharia deverão incorporar os seguintes objetivos:

- Conscientizar os estudantes quanto ao custo real da operação de um processo que descarta poluentes no ambiente – tanto o custo econômico como o custo ambiental. Isso significa não somente considerar o custo de tratamento ou o custo relativo ao atendimento da legislação vigente, mas também o custo dos recursos da natureza utilizados na produção e o trabalho da natureza para a absorção/degradação dos resíduos.
- Apresentar as principais estratégias para minimizar/evitar impactos causados por determinado processo.

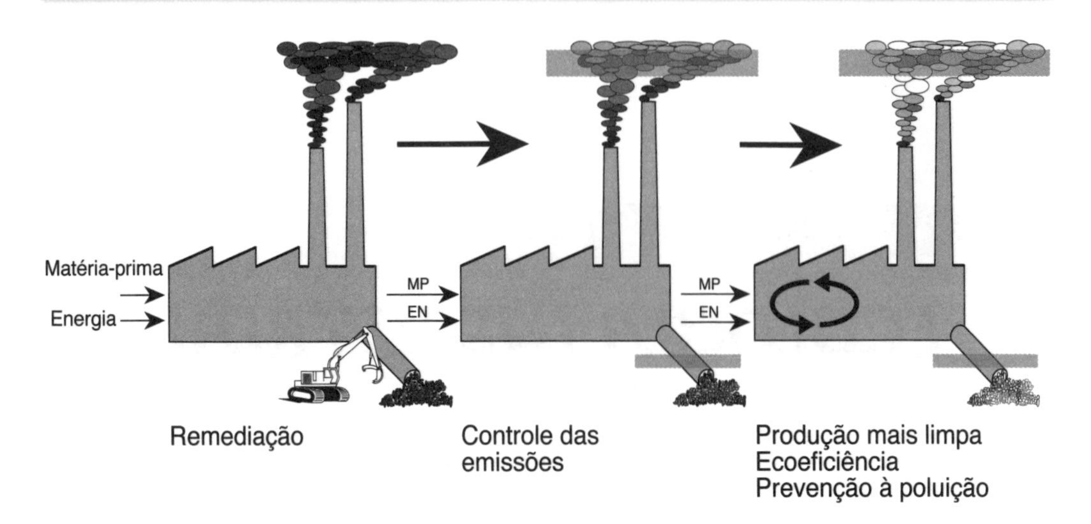

FIGURA 3-1 Algumas respostas do sistema industrial aos problemas ambientais.

- Oferecer a oportunidade de projetar e analisar processos que utilizem tecnologias amigáveis ao meio ambiente, como as que busquem a eliminação dos poluentes e o uso de matérias-primas renováveis. A definição de "tecnologias ambientalmente amigáveis" é ainda controversa, sendo preferível "tecnologia mais amigável". De forma geral, pode-se definir como tecnologia mais amigável ao meio ambiente aquela que substitui tecnologias convencionais de fabricação por outras e com isso reduz o impacto ambiental de determinado processo ou produto.

O sistema industrial vem respondendo ao problema da poluição com soluções que vão desde o simples controle dos efluentes – passando por Programas de Prevenção à Poluição, pelos conceitos de Produção Mais Limpa e Ecoeficiência –, até a proposta mais refinada de estudar sua interação com o meio ambiente. A Fig. 3-1 mostra, de forma simplificada, as várias transformações, pelas quais o modo de tratar materiais, energia e resíduos vem passando nas últimas décadas. Apesar de não haver uma seqüência temporal real, pode-se traçar um caminho para ilustrar essas mudanças.

Metabolismo Industrial

O enfoque preventivo mostrou que se pode obter benefício econômico e, ao mesmo tempo, minimizar a poluição. As práticas de Produção Mais Limpa, Ecoeficiência e Prevenção à Poluição já se acham disseminadas por várias empresas e têm como principal característica a avaliação detalhada de todas as etapas de um processo, a fim de otimizá-lo, em função também do meio ambiente.

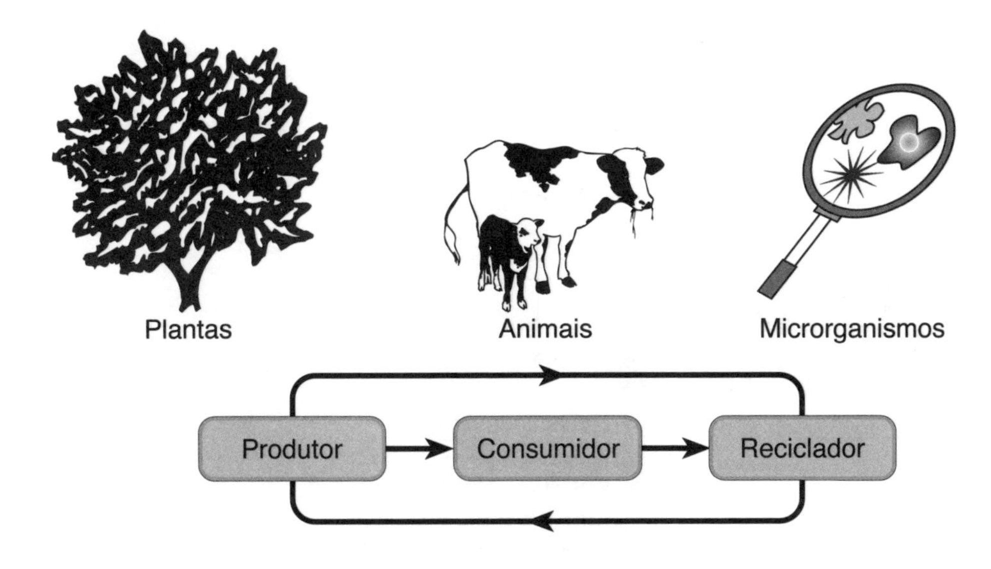

FIGURA 3-2 O ciclo biológico.

A idéia de otimizar processos, categorizar todas as operações de uma indústria e acompanhar todos os passos de fabricação de um produto acaba, inevitavelmente, levando a um conhecimento profundo de cada sistema, permitindo, principalmente, o planejamento de ações de longo prazo. Por outro lado, esse conhecimento detalhado do sistema leva à análise das interações do produtor com outras empresas, sejam elas fornecedores, consumidores de subprodutos ou consumidores finais.

Nesse contexto, a analogia entre sistemas industriais e ecossistemas vem ganhando força e levando a considerações sobre as interações do sistema com o meio ambiente. Apesar de haver algumas reservas com relação à metáfora biológica, os conceitos que utilizam essa metáfora – Metabolismo Industrial e Ecologia Industrial – contribuem, de forma significativa, para um avanço diante do problema da poluição.

A metáfora biológica

Um ecossistema pode ser descrito como o conjunto de plantas, animais e microrganismos que vivem em um ambiente físico-químico (KORMONDY, 1969). Neste ecossistema, o ciclo biológico de materiais e energia é mantido por três grupos: produtores, consumidores e decompositores, Fig. 3-2. Os produtores são aqueles capazes de produzir seu próprio alimento por fotossíntese ou síntese química, como as plantas e algumas bactérias. Os consumidores são aqueles que obtêm alimento das plantas (herbívoros), de outros animais (carnívoros) ou ambos (onívoros). E, finalmente, os decompositores, como fungos e algas, degradam a matéria

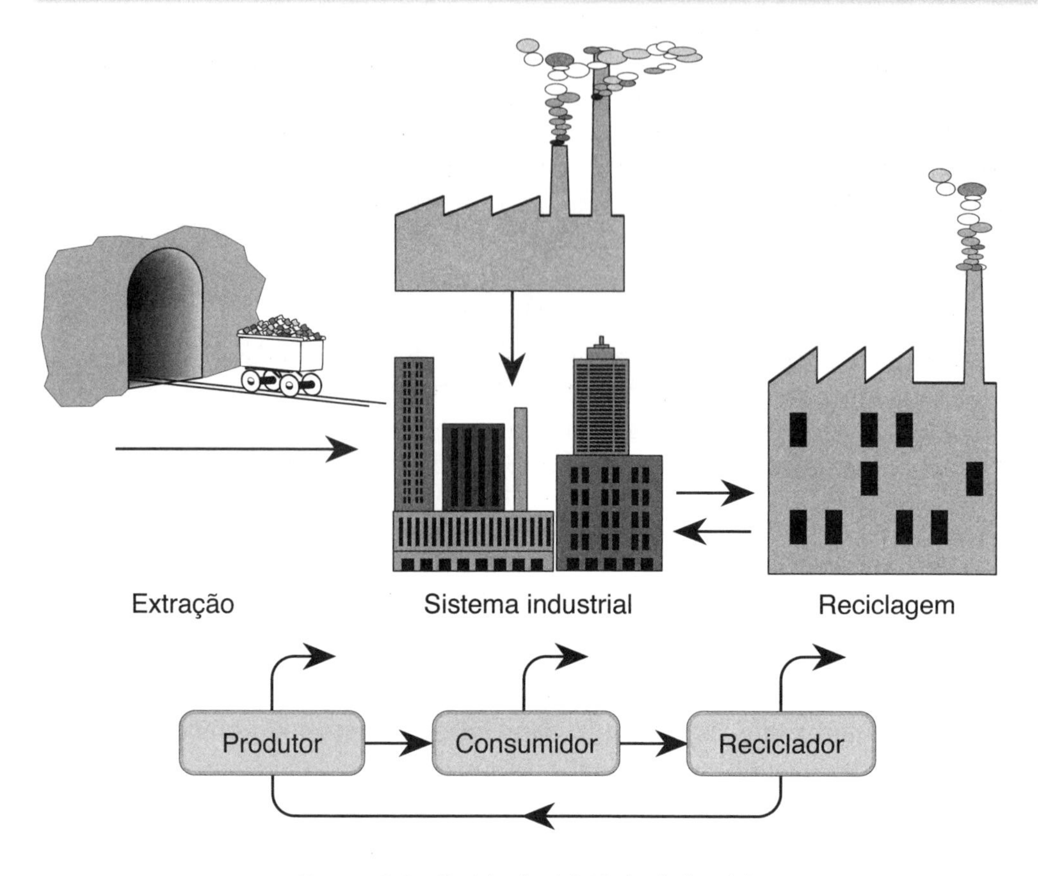

Figura 3-3 O ciclo das atividades industriais.

orgânica de produtores e consumidores, produzindo substâncias inorgânicas que podem ser utilizadas como alimento pelos produtores. Os decompositores são os recicladores da biosfera. Dessa forma, a natureza pode sustentar o ciclo produtor-consumidor-decompositor indefinidamente, desde que haja energia para tanto.

Utilizando-se metáfora ecológica, as atividades industriais podem também ser classificadas em três componentes similares, Fig. 3.3. Os produtores seriam representados pelas atividades primárias de produção de energia e matéria-prima (extração de combustíveis, agricultura). Os consumidores poderiam ser representados por um sistema industrial e os decompositores, pelas atividades de reciclagem ou de tratamento de resíduos, efluentes e emissões.

De um lado, o ecossistema depende de seus decompositores para garantir a completa reciclagem de seus elementos. De outro, o sistema industrial gera produtos e resíduos que são descartados no ambiente, sem que haja decompositores e recicladores para eles. Este acúmulo de material indesejado no ambiente constitui-se em poluição e caracteriza o sistema industrial como um sistema aberto, em contraste com o ciclo fechado do sistema biológico.

O modelo produção-consumo-reciclagem é bastante útil para comparar ecossistemas com os sistemas industriais. Em um ecossistema, a maior transferência de matéria ocorre entre o produtor (plantas) e o reciclador (bactérias) e apenas uma fração pequena deste fluxo passa pelo consumidor (animais). O reciclador devolve praticamente toda a matéria para o reúso dos produtores. A reciclagem é favorecida pela proximidade física de produtores, consumidores e recicladores, sendo que pouca energia é necessária para a transferência de matéria entre estes. A proximidade física também permite ajustes rápidos entre os participantes do ciclo, sempre que uma perturbação atinja o sistema.

No sistema industrial não há sentido em produzir e reciclar sem a participação do consumidor e, neste caso, o fluxo dos produtores para os recicladores é pequeno ou inexistente. A maior parte da matéria é transferida do produtor ao ambiente e do consumidor ao ambiente e a reciclagem representa apenas uma pequena fração dessa matéria, o que caracteriza o sistema industrial como um sistema aberto.

Neste sistema, os consumidores têm papel mais significativo e a separação física entre produtores, consumidores e recicladores aumenta o gasto de energia, na transferência de matéria. Por exemplo, um alimento produzido no campo deve ser transportado para o consumidor e grande quantidade de energia será também necessária para retornar o alimento consumido ou não para os recicladores.

O modelo produtor-consumidor-reciclador é bastante útil para representar o sistema industrial e pode ser usado como base para formular modelos físico-químicos baseados nos princípios de conservação de massa. Nestes modelos, deve-se considerar que a escolha de materiais para produção vai depender da disponibilidade de reservas, da demanda e do custo/possibilidade de reciclagem. O Metabolismo Industrial segue esta formulação.

A metáfora "Metabolismo Industrial" é, especialmente, atribuída ao trabalho de Robert U. AYRES, 1989. Metabolismo pode ser definido como os processos físicos e químicos internos que ocorrem em um organismo para a manutenção da vida. Os processos metabólicos podem ser divididos em duas categorias principais: o anabolismo (síntese) e o catabolismo (degradação). O organismo consome materiais ricos em energia e de baixa entropia (alimento) para sua manutenção e para desempenhar funções, como crescimento, movimento e reprodução. Estes organismos excretam resíduos que consistem de material degradado de alta entropia. Entretanto, o metabolismo interno de um organismo depende de fatores além do próprio organismo, como o ambiente externo, que inclui outros organismos. Assim como as condições físico-químicas do ambiente que circunda o organismo e regulam, direta ou indiretamente, o metabolismo. Este fato caracteriza o organismo como um sistema aberto.

Na analogia com o metabolismo biológico, considera-se que o Metabolismo Industrial consiste nos processos físicos e químicos que convertem matérias-primas e energia em produtos e resíduos (AYRES, 1989 e AYRES E SIMONIS, 1994).

Assim como nos sistemas biológicos, o metabolismo pode ser estudado em qualquer nível de complexidade, desde processos moleculares que ocorrem em células individuais até o processo que ocorre no organismo completo. Utilizando-se a metáfora, os sistemas industriais podem ser estudados desde as mais simples operações unitárias, na indústria como um todo ou até de forma regional ou global. Ou seja, deve-se definir o tamanho do organismo. Quando à minimização da poluição, é útil estabelecer as fronteiras do estudo no ambiente em que o processo está inserido: região, ecossistema, etc. Na produção também há influência de fatores externos, como o fator humano que pode interferir no fluxo de materiais e energia, diretamente por meio do trabalho ou indiretamente como consumidor. O sistema se estabiliza pela oposição entre oferta e demanda que, em essência, regulam o mecanismo metabólico. Neste sistema, o mercado e as instituições atuariam como mecanismos reguladores (Georgescu-Roegen, 1971; Nicolis e Prigogine, 1977; Ayres, 1988). Uma comparação entre o metabolismo de um ecossistema com o de um sistema industrial pode ser vista na Tabela 3-1.

Tabela 3-1 Comparação entre metabolismo e metabolismo industrial

Ecossistema	Sistema industrial
Organismo	Empresa
Reprodução	Produção
População	Parque industrial ou aglomerado
Proximidade produtor/reciclador	Distância variável entre produtor e reciclador
Ciclo fechado de matéria	Ciclo aberto
Alto índice de reciclagem	Reciclagem incipiente
Regulado pela quantidade de reservas de material	Regulado pela demanda de produto
Concentração e reúso de resíduos	Dissipação de resíduos
Competição por recursos disponíveis	Competição por recursos disponíveis
Interage com o ambiente	Modifica o ambiente

A comparação entre metabolismos de sistemas naturais com sistemas industriais mostra grandes contrastes. Apesar de a idéia de comparar uma empresa com um organismo ser bastante ilustrativa, observam-se algumas diferenças significativas. Por exemplo, há ciclos "fechados" de material e energia em sistemas naturais, mas em sistemas industriais os fluxos de energia e material são lineares, desde a extração de matérias-primas até a disposição final do produto. Outra característica dos sistemas naturais é que neles ocorre reciclagem de praticamente todos os materiais que circulam em um ciclo. Já nos sistemas industriais, a reciclagem em geral é muito pequena (Manahan, 1999).

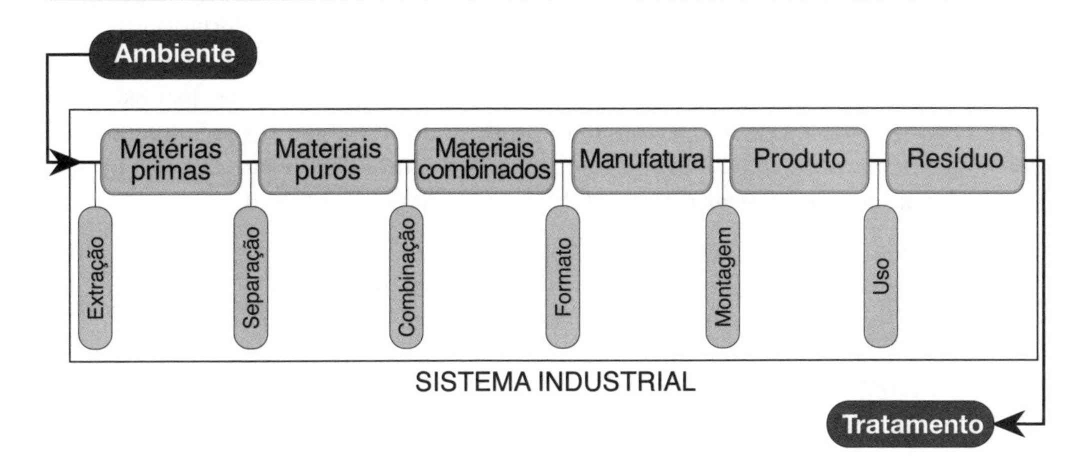

Figura 3-4 O fluxo de matéria através do sistema industrial.

Apesar de o sistema industrial ter, também, mecanismos reguladores, estes não atuam de forma a tornar o sistema sustentável, como os reguladores dos sistemas naturais. Os princípios da economia tradicional levam os sistemas industriais a um estado de máxima entropia, no qual materiais são explorados, atravessam o sistema e são dissipados no ambiente de forma altamente degradada e de pouco ou nenhum uso para o próprio sistema. O problema está na escala Dessa dissipação o desafio para o sistema industrial é modificar-se, de forma a retardar e/ou eliminar a dissipação de materiais.

Como um organismo, um sistema industrial sintetiza e degrada substâncias. Entretanto, ao contrário dos ecossistemas naturais, em que vários organismos vivem em conjunto, mas o balanço entre o consumo de reservas e a produção de resíduos se mantém estável, em um sistema industrial uma grande quantidade de material é metabolisada, para que se obtenha uma quantidade relativamente pequena de produto final. Dessa forma, estudos empregando conceitos de Metabolismo Industrial visam otimizar os sistemas industriais, que devem ser projetados para operar de forma similar ao sistema natural, ou seja, sem consumir reservas não renováveis e sem produzir resíduos inúteis ou tóxicos.

Aplicação em processos

O Metabolismo Industrial trata dos fluxos de matéria e energia no sistema industrial. Esta abordagem, essencialmente descritiva e analítica, visa o entendimento da circulação de materiais e dos fluxos de energia. O metabolismo industrial segue os fluxos de matéria e energia, desde sua fonte inicial, através do sistema industrial, ao consumidor e ao seu descarte final. Os materiais retirados das reservas naturais são chamados de matérias-primas, que são normalmente uma combinação de materiais desejáveis e energia com materiais indesejáveis, Fig. 3-4.

Cada setor industrial produz subprodutos e produtos finais. Estes (sub) produtos podem ser utilizados dentro do próprio setor, por outros setores industriais ou por consumidores, o que resulta numa rede complexa de inter-relações entre setores especializados da economia. O entendimento destas inter-relações e ligações é essencial, para que se possa compreender o efeito que decisões econômicas e políticas podem causar em um determinado setor industrial.

Uma avaliação empregando conceitos de metabolismo industrial começa com a identificação das formas de matéria-prima e energia retiradas do ambiente e que podem ser transformadas em produtos intermediários, ou reservas primárias. Estas reservas naturais incluem minérios retirados da geosfera, água da hidrosfera, gases da atmosfera, plantas e animais da biosfera e energia solar. As tecnologias para explorar estas reservas naturais incluem mineração, extração, criação de animais e agricultura. Uma vez que as reservas naturais fazem parte do ambiente, sua exploração implica em perturbar o sistema natural. Por exemplo, a mineração resulta em remover grandes quantidades de terra sobre um depósito de minério para posterior separação do metal de interesse deste minério. Se uma mineradora decide explorar carvão com alto teor de enxofre, as geradoras de eletricidade vão, necessariamente, gerar mais resíduo contendo dióxido de enxofre, o que pode causar chuva ácida. Por outro lado, se o carvão com alto teor de enxofre não for vendido, o resíduo sólido deixado pela mineradora pode, sob a ação da intempérie, causar drenagem ácida e acidificar sistemas aquáticos próximos à mina (Ayres, 1989). Dessa forma, as decisões de um setor industrial podem afetar tanto o fornecedor (mineradora), quanto o consumidor (geradora de energia). Estas relações podem ser melhor compreendidas com um balanço material de entradas e saídas de material.

O propósito de uma empresa é produzir e distribuir bens e serviços para os consumidores. Esta produção requer entradas de vários materiais, produtos intermediários e serviços e a quantidade de produtos e serviços intermediários reflete a qualidade da tecnologia empregada pela empresa na transformação de matérias-primas e energia retiradas do ambiente em forma de produtos ou serviços.

Por exemplo, um par de calçados é um produto final. Para se produzir calçados, são necessários o couro, o solado, cadarço e outros materiais que são produtos intermediários. O couro é um subproduto da indústria alimentícia, o solado e o cadarço podem ser feitos com matérias-primas sintéticas ou naturais. Portanto, de acordo com o produto final em questão, muitas etapas devem ser estudadas até que se atinjam as fontes primárias de matéria-prima e energia que foram retiradas do meio ambiente. Por exemplo, o couro retirado no frigorífico vem da criação do gado que necessita do pasto, que necessita de nutrientes: água, gás carbônico e energia solar.

A saída do processo, ou seja, o calçado, requer a entrada de produtos intermediários e uma tecnologia de produção que é utilizada para transformar entradas em saídas. Por exemplo, o couro deve ser curtido, o solado deve ser moldado, deve-se, empregar tecnologias que dependem do conhecimento e da habilidade do ser humano. Então, a quantidade dos calçados que se pode produzir depende do conhecimento e aptidão do material humano e do capital (equipamentos e instalações). Entretanto, a quantidade de calçados depende, também de dois outros tipos de capital: o capital natural, que é a quantidade de matéria-prima e energia disponíveis na biosfera (água, solo, oxigênio) e o capital social, que engloba as instituições, organizações e leis que permitem e regulam a atividade industrial (direitos de propriedade, direitos trabalhistas, leis ambientais). O impacto a ser causado depende da tecnologia empregada, já que há várias tecnologias possíveis e pode-se escolher o grau de perturbação que será impingido ao ambiente.

Os fluxos de material e energia que atravessam as fronteiras do sistema industrial constituem os dois pontos principais de um estudo do Metabolismo Industrial. A energia pode entrar no sistema como energia solar, como combustível fóssil ou energia elétrica e sai do sistema na forma de calor, que se dissipa no ambiente. Dessa forma, o objetivo de um estudo do metabolismo do sistema deve se focalizar nas formas de fazer este fluxo de energia circular no sistema o máximo possível, ou seja, nas formas de aproveitar a energia que entra, com máxima eficiência. O acompanhamento dos fluxos de materiais é mais complicado devido ao fato de que, após circular pelo sistema, há ainda material a ser descartado. Como se sabe, vários problemas ambientais provêm da assunção de que a matéria pode ser simplesmente descartada e deixada à espera de sua absorção pelo ambiente. Dessa forma, deve-se manter o material circulando no sistema, por meio do reúso e da reciclagem, de forma a retardar seu retorno ao ambiente.

De posse do conhecimento do metabolismo do sistema, é possível otimizar o sistema para produzir de forma mais eficiente, minimizando a geração de resíduos, a poluição e o consumo de matérias-primas. Considerando-se o sistema industrial como um organismo que interage com o ambiente, pode-se identificar que o desequilíbrio dos fluxos de troca entre sistema industrial e o ambiente causa impacto no ambiente, devido ao acúmulo de material em partes do sistema e à ação exploratória em outras partes, Fig. 3-5.

A Fig. 3-5 ilustra esta interação. O ambiente pode ser visualizado como um reservatório ligado ao sistema industrial por fluxos de material. Neste reservatório, em um sistema natural não perturbado, a quantidade de material é relativamente estável, já que os ciclos do ecossistema são fechados. A presença do sistema industrial faz com que as quantidades de material variem com velocidades diferentes. Por exemplo, a exploração de um metal faz com que o estoque do minério que o contém diminua continuamente e que os reservatórios de ganga mineral aumentem (Fig. 3-5, à esquerda). Um estudo do Metabolismo Industrial visa balancear as quantidades de materiais nos fluxos de entrada e saída do sistema, de forma que o reservatório do ambiente permaneça o mais estável possível (Fig. 3-5, à direita).

A fim de melhor situar o que foi exposto, pode-se citar o exemplo da implantação da indústria siderúrgica na região norte do Brasil (Fenzl e Monteiro, 2000). Durante os anos 80, o governo brasileiro tomou a parte ocidental da Amazônia como uma região estratégica para implementar um plano de desenvolvimento in-

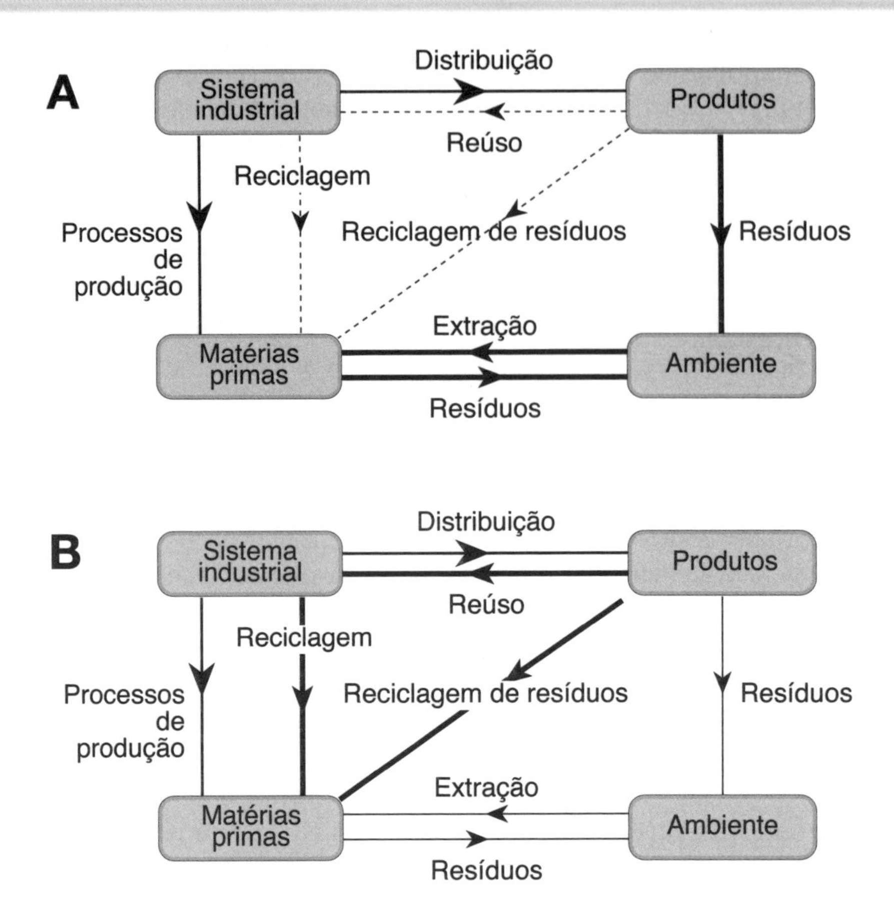

Figura 3-5 Interação entre o sistema industrial e o ambiente. A figura A mostra a interação convencional, em que os fluxos de material entre o sistema industrial e o ambiente são altos. A figura B mostra como seria esta interação, se os fluxos de material que entram e saem do ambiente fossem controlados.

dustrial. Dessa forma, foram construídas siderúrgicas ao longo da rodovia Carajás, que representariam o primeiro passo para o desenvolvimento de um complexo industrial metal-mecânico.

Nove companhias siderúrgicas foram instaladas com o consumo aproximado de 1,3 milhão de toneladas de carvão por ano para a produção de ferro-gusa que, é exportado para os Estados Unidos (92% da produção em 1999). O carvão utilizado é retirado da floresta. O estudo do metabolismo industrial deste sistema revela que a produção de ferro-gusa está baseada na transformação e na dispersão de grandes quantidades de material e energia com baixa eficiência (15% do carvão não pode ser utilizado por causa da baixa qualidade, devida a limitações técnicas). Para a produção de uma tonelada de ferro-gusa, utilizam-se 875 kg de carvão ou 2.600 kg de madeira seca, o que corresponde à devastação de 600 m^2 de floresta nativa, incluindo flora e fauna. Além de a produção de carvão resultar em grande dispersão de material e energia, um grande volume de gases é despejado na atmosfera. Devido ao baixo preço do carvão, os resíduos da produção não são removidos e, consequentemente, são também causa de emissão de gases, poluição ambiental e deterioração da região. Paradoxalmente, os resultados econômicos deste processo pouco eficiente são positivos, já que os custos do impacto ambiental são transferidos para a sociedade da região. Dessa forma, o balanço comercial se contrapõe ao real metabolismo da região, em que os impactos sociais e ambientais são:

- Desmatamento e perda de biodiversidade devidos à produção de carvão
- Disseminação de métodos produtivos de baixa eficiência, tanto para o carvão como para o ferro-gusa
- Poluição ambiental
- Grande aumento da entropia na região
- Condições de trabalho ruins e baixos salários

Dessa forma, ao contrário do esperado pelo plano de governo, a instalação das siderúrgicas que retiram energia do carvão não pode resultar no desenvolvimento da região. O ferro-gusa pode ser vendido a baixo preço no mercado internacional somente em função do uso do carvão que, juntamente com os baixos salários, é um elemento de externalização de custos. O estudo do metabolismo do sistema implantado na região mostra que, ao contrário do desenvolvimento sustentável, a região caminha para o empobrecimento e para a degradação ambiental.

Um estudo do metabolismo industrial para implantação de parques industriais como o exemplificado acima pode ser bastante vantajoso. Primeiramente, o conhecimento dos fluxos de materiais e dos pontos de maior geração de resíduo permite analisar o potencial de reutilização do material residual ou priorizar o desenvolvimento de infra-estruturas para tratamento de resíduos. Para as empresas, a informação gerada pelo estudo do metabolismo pode ser de grande utilidade na escolha do tipo de processo a ser implantado e das matérias-primas a serem empregadas. Finalmente, este tipo de informação é fundamental para decidir que tipos de empresas devem ser atraídos para o empreendimento, com base na compatibilidade das entradas e saídas de material do complexo a ser formado. Um estudo deste tipo constitui-se em uma ferramenta básica, no momento em que autoridades governamentais planejam constituir pólos regionais de desenvolvimento. Assim, elas garantem que o investimento seja direcionado de maneira benéfica tanto para a economia, como para o meio ambiente.

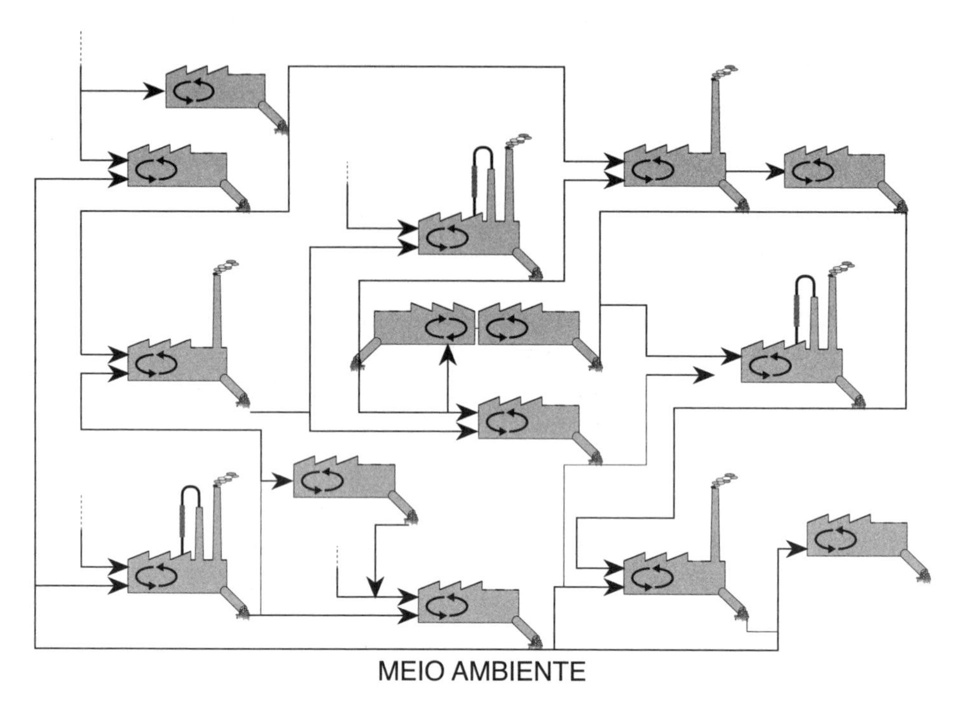

Figura 3-6 Representação de uma ecorrede, mostrando a otimização dos fluxos de materiais/energia, devido à formação da rede. Os fluxos de produto não estão representados, somente aqueles que caracterizam uma ecorrede.

A Ecologia Industrial

Não há como negar o grande avanço alcançado nas últimas décadas com relação ao tratamento dado aos problemas da poluição. A analogia com os ecossistemas permite um passo além: fechar os ciclos de materiais e energia com a formação de uma ecorrede (Fig. 3-6), que "imita" os ciclos biológicos fechados. A Ecologia Industrial propõe, portanto, fechar os ciclos, considerando que o sistema industrial não apenas interage com o ambiente, mas que é parte dele e dele depende.

A Ecologia Industrial é tanto um contexto para ação, como um campo para pesquisa. O desenvolvimento dessa abordagem pretende oferecer um quadro conceitual para interpretar e adaptar a compreensão do sistema natural e aplicar essa compreensão aos sistemas industriais. Busca assim alcançar um padrão de industrialização, que seja não só mais eficiente, mas também intrinsecamente ajustado às tolerâncias e características do sistema natural. Essa abordagem envolve:

- aplicar a Teoria dos Sistemas e a Termodinâmica aos sistemas industriais;
- definir os limites do sistema incorporando o sistema natural;
- otimizar o sistema.

Nesse sentido, o sistema industrial será planejado e deverá operar como um sistema biológico dependente do sistema natural.

Considera-se o sistema industrial como um subsistema da biosfera, isto é, uma organização particular de fluxos de matéria, energia e informação. Sua evolução deve ser compatível com o funcionamento de outros ecossistemas. Parte-se do princípio de que é possível organizar todo o fluxo de matéria e de energia que circula no sistema industrial, de maneira a torná-lo um circuito quase inteiramente fechado. Nesse contexto, uma abordagem sistêmica é necessária, a fim de visualizar as conexões entre o sistema antropológico, o biológico e o ambiente. Pode-se dizer que o principal objetivo da Ecologia Industrial é transformar o caráter linear do sistema industrial em um sistema cíclico, no qual matérias-primas, energia e resíduos sejam sempre reutilizados.

O termo Ecologia Industrial implica na relação da indústria com a ecologia. Um conhecimento básico de ecologia é, portanto, útil tanto para compreender como para promover a Ecologia Industrial. Ecologia é definida como a disciplina da ciência que se ocupa do estudo das relações entre organismos e seu ambiente passado, presente e futuro (Ecological Society of America, 1993). Estas relações incluem as respostas fisiológicas de indivíduos, a estrutura e a dinâmica de populações, as interações entre espécies e o processamento de materiais e energia nos ecossistemas (ODUM, 1988). A palavra ecologia é derivada da palavra grega Oikos (casa) combinada com a raiz "logia" (o estudo de). Portanto, ecologia refere-se literalmente ao estudo do ambiente e inclui plantas, animais, micróbios, os seres humanos e populações interdependentes, além de suas relações com os componentes abióticos do planeta. Neste mesmo ambiente, estão inseridas as estruturas feitas e operadas pelo homem.

Na Ecologia Industrial, o objeto de estudo é a inter-relação entre empresas, entre seus produtos e processos em escala local, regional e global. Mas, mais importante, é o estudo das interações entre os sistemas industrial e ecológico e, conseqüentemente, os efeitos ambientais que estas empresas causam tanto nos componentes bióticos, como nos abióticos da ecosfera.

Sistemas lineares versus sistemas cíclicos

A evolução dos sistemas industriais de sua organização linear, em que reservas são consumidas e resíduos são dissipados, para um sistema mais fechado, é o ponto central da Ecologia Industrial. Braden ALLEMBY e Thomas GRAEDEL (1999) descrevem esta mudança como uma evolução do sistema tipo I ao sistema tipo III (Fig. 3-7).

Um sistema tipo I organiza-se linearmente: materiais e energia entram de um lado do sistema e no final do processo deixam o sistema sob a forma de produtos, subprodutos e resíduos.

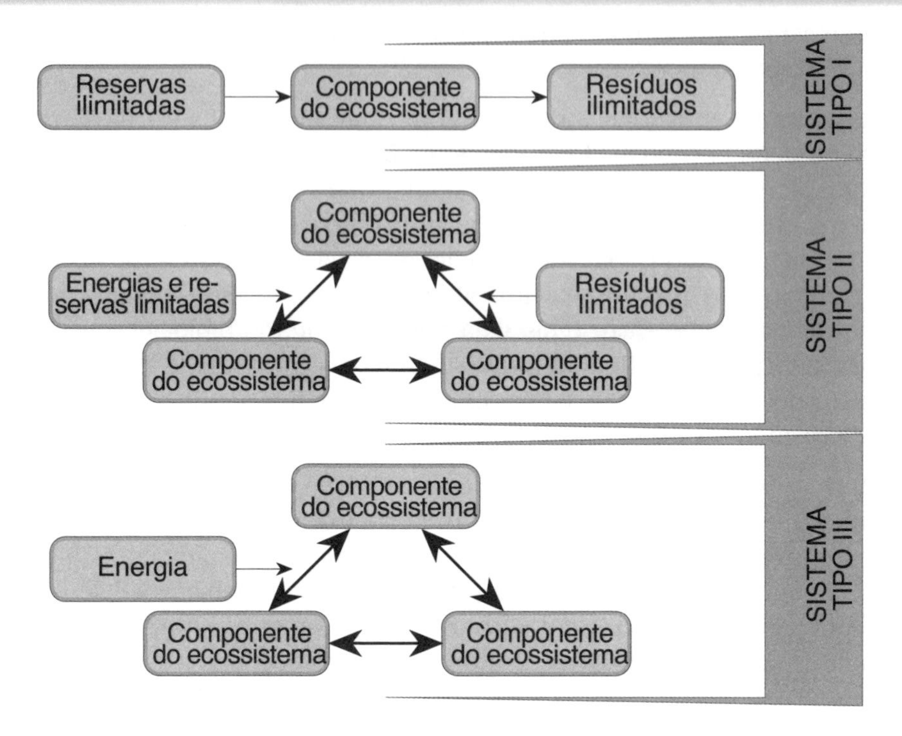

Figura 3-7 Representação dos sistemas abertos (Tipo I), quase fechados (Tipo II) e ideal (Tipo III).

> "Houve um tempo em que as reservas potencialmente úteis eram tão grandes que a existência de vida não exercia nenhum impacto sobre as reservas disponíveis" (Graedel, 1995).

Esta frase reflete o pensamento que prevaleceu durante todo o desenvolvimento do sistema industrial: as reservas são ilimitadas e o ambiente pode absorver todos os resíduos gerados. O objetivo do sistema é produzir. Como resíduos e subprodutos não são reciclados ou reutilizados, o sistema depende de um suprimento de matérias-primas constante e ilimitado para manter suas atividades. A menos que o suprimento de material e energia seja infinito, assim como a habilidade dos sistemas naturais para absorver os resíduos seja infinita, o sistema é insustentável.

Um sistema tipo II caracteriza muitos dos atuais sistemas produtivos. Parte dos resíduos é reciclada ou reutilizada dentro do próprio sistema e parte ainda é deixá-la na forma de resíduo. Um sistema deste tipo é também insustentável e depende fortemente do material disponível e das condições do ambiente em que está localizado. É caracterizado por ciclos quase fechados, em que material e energia circulam repetidamente e, somente, uma quantidade limitada de resíduo é gerada. Alguns sistemas industriais desenvolveram características de tipo II, simplesmente porque perdas dissipativas de material representam perdas monetárias. No geral, o grau de evolução do tipo I para o tipo II depende consideravelmente do tipo de indústria e de sua localização.

Um sistema tipo III representa o equilíbrio dinâmico dos sistemas ecológicos, em que energia e resíduos são constantemente reciclados e reutilizados nos processos do sistema. Caracteriza-se pela circulação de materiais, que são continuamente reciclados pelos componentes do sistema. O ciclo torna-se fechado, quando depende apenas do fluxo de energia, de acordo com o segundo princípio da termodinâmica. Em um sistema ideal, considerando-se o sistema industrial como parte do ecossistema, somente a energia solar viria de fora do sistema. Um sistema tipo III representa a sustentabilidade e o ideal da Ecologia Industrial.

O real impacto ambiental gerado pelo sistema industrial só foi notado com o surgimento de sistemas industriais de grande escala, capazes de provocar mudanças globais e cumulativas. No passado, os sistemas industriais foram capazes de responder à legislação imposta como conseqüência de impactos ambientais locais. Entretanto, este tipo de reação não foi planejado, foi associado a custos econômicos e não teve êxito na resolução do problema ambiental. Em contraste, a Ecologia Industrial pretende facilitar a evolução dos sistemas industriais, ao oferecer uma visão sistêmica de fluxos e processos, possibilitando a análise e o planejamento da interação entre os componentes envolvidos no sistema. Por estes motivos, considera-se que a Ecologia Industrial pode contribuir para que se alcance o desenvolvimento sustentável.

Componentes da Ecologia Industrial

Por séculos, a humanidade se considerou-se à parte da natureza, independente das leis naturais e da termodinâmica. O crescimento da população e o desenvolvimento da tecnologia levaram a humanidade a reconsiderar sua relação com a natureza. Neste contexto, a Ecologia Industrial, baseada nos estudos da termodinâmica e dos sistemas, pode ser de grande utilidade.

Nossa tradição intelectual é essencialmente reducionista. Tentamos explicar sistemas complexos de grande escala pela sua subdivisão em subsistemas, componentes e subcomponentes. Explicamos uma cidade como um conjunto de construções, um edifício como um conjunto de apartamentos e podemos continuar subdividindo infinitamente até níveis microscópicos. Poderemos então analisar os componentes químicos que formam os diversos materiais de construção e, assim, pretendemos entender a cidade. Esta visão reducionista despreza a interação entre os elementos da cidade e, portanto, não é completa. Há, porém, outras perspectivas e outras formas de análise. A cidade pode ser vista como um todo. O planeta pode ser visto como um todo e a antroposfera, que inclui as cidades, vista como parte do todo. O sistema produtivo pode ser, também, analisado sob este contexto mais amplo e não simplesmente como um conjunto de empresas ou processos.

A visão sistêmica das relações entre as atividades humanas e os problemas ambientais é um ponto crítico da Ecologia Industrial. Os sistemas podem ser locais, regionais ou globais e devem ser escolhidos de acordo com o objetivo do estudo. O ponto central da abordagem é o reconhecimento das inter-relações entre o sistema industrial e o natural através da utilização da teoria de sistemas (Boulding, 1956).

Um sistema pode ser definido como um grupo de elementos que interagem, se inter-relacionam ou são interdependentes. Este conjunto de elementos forma um sistema complexo. Cada elemento do sistema tem propriedades específicas, das quais depende o funcionamento do sistema, que depende do ambiente externo, com o qual troca material e energia. Um sistema que interage com o ambiente externo é chamado aberto. Um sistema fechado não troca nem material nem energia com suas vizinhanças. Segundo a definição, o sistema é caracterizado por duas propriedades: é constituído por vários elementos e, portanto, pode ser subdividido em subsistemas, e devido à interação entre os componentes, o sistema é mais do que a soma destes componentes, já que novas propriedades podem emergir das interações entre os componentes. Qualquer porção do universo pode ser interpretada como um sistema, que, portanto, não é um objeto real, mas um produto da forma como interpretamos a realidade. Sendo um conceito arbitrário, seu conteúdo e limites são fixados arbitrariamente pelo observador, de acordo com o objetivo da observação.

A sociedade humana, como um todo, pode ser pensada como um sistema que troca continuamente material e energia com o ambiente. O sistema sociedade é composto por subsistemas ligados uns aos outros e ao ambiente externo (aqui, a fixação dos limites do sistema a ser estudado é de extrema importância). Um dos subsistemas do sistema sociedade é o sistema industrial que faz uso da tecnologia para transformar matérias-primas em produtos e serviços para a sociedade. Estes produtos podem ser manufaturados de forma artesanal, por trabalho manual, à maneira do utilizado na agricultura tradicional. Podem, também, ser provenientes de produção automatizada, de processos mecânicos ou químicos. Neste segundo caso, ferramentas são produzidas por outras ferramentas, de forma que se estabelecem vários níveis nas atividades industriais. As interações entre os vários níveis de atividades alteram as propriedades do sistema como um todo. Por extensão, pode-se ainda considerar as atividades que geram serviços e informação. Estas, também, estão envolvidas na transformação das matérias-primas que entram no sistema (Fig. 3-8)

Dessa forma, o subsistema industrial pode ser descrito como:

- Um conjunto de elementos (empresas, fábricas onde são produzidos bens com suporte de serviços e informações);
- Um conjunto interligado a outros conjuntos pela transferência de material, serviços e informação;
- Um conjunto que interage com o ambiente físico e social em que está inserido.

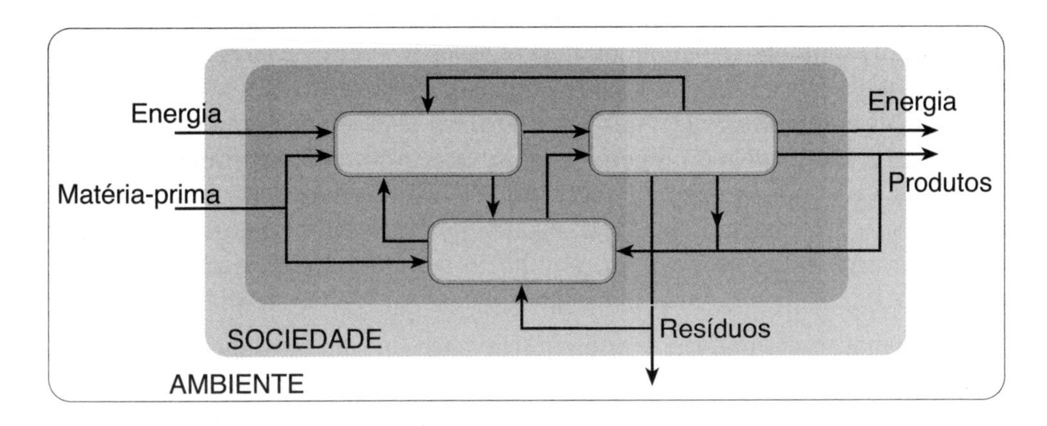

Figura 3-8 Representação de um sistema e seus respectivos subsistemas.

A observação do sistema como um todo permite visualizar as indústrias como um elemento do sistema e seu relacionamento com outros elementos dentro de um conjunto maior. A simples observação dos fluxos de material e energia dentro do subsistema industrial negligencia sua interação com o ambiente externo. Este é considerado sob esta perspectiva como simples fonte de material ou energia ou como depósito de resíduos. A observação do sistema como um todo permite compreender as dimensões do impacto global causado pelas atividades humanas.

Quanto ao conceito de sistemas, pode-se utilizar algumas ferramentas poderosas: a lei de conservação de massa e energia (primeiro princípio da termodinâmica) é uma delas. O uso desta ferramenta possibilita o balanço de materiais e energia dos sistemas. Outra implicação da termodinâmica é que os materiais, extraídos do ambiente natural para a produção de bens e serviços, devem certamente retornar ao ambiente, de forma degradada.

Jeremy Rifkin (1989) usou o segundo princípio da termodinâmica – a entropia do universo cresce na direção de um máximo – como base para criticar a sociedade e a economia. Segundo Rifkin, a tecnologia acelera o uso de materiais e energia e o sistema industrial é um agente que transforma materiais e energia – aumentando a entropia do sistema – em material degradado de pouca ou nenhuma utilidade. Este material degradado ou resíduo, em conjunto com o calor dissipado pelo uso de energia, seriam produtos inevitáveis do sistema industrial. O calor dissipado pelo processo de queima dos combustíveis seria uma medida da ineficiência do uso de energia. E o resíduo sólido, produzido pelos processos de fabricação e extração, é uma medida da ineficiência do sistema de transformação de materiais. Os efluentes líquidos seriam, então, uma medida da ineficiência das transformações químicas. Cada caso ilustra um sistema industrial operante, inserido no ambiente e gerando perdas dissipativas (com aumento de entropia).

Este aumento de entropia é também característico dos sistemas naturais. A natureza apresenta, ao mesmo tempo, processos irreversíveis e reversíveis, mas os primeiros são a regra e, os segundos, a exceção (Prigogine, 1996). Contrariamente à energia, que se conserva, a entropia permite estabelecer uma distinção entre os processos reversíveis e os irreversíveis, que produzem entropia. Os sistemas industriais e os organismos biológicos processam materiais consumindo energia, assim como o sistema econômico (Georgescu-Roegen, 1971). São sistemas abertos que se mantêm estáveis longe do equilíbrio termodinâmico e são exemplos de sistemas que se auto-organizam dissipando energia (Ayres, 1988).

A principal diferença entre os sistemas naturais e industriais é que os primeiros contam com uma série de mecanismos de interação que permitem o total, ou quase total, reaproveitamento de materiais, através de ciclos fechados em que apenas a entrada de energia é necessária.

Considerar o planeta como sistema, segundo o princípio da termodinâmica e a natureza irreversível dos sistemas auto-organizantes (tanto industriais como biológicos), permite com que se façam escolhas, de forma a diminuir os efeitos do aumento inevitável da entropia dentro do sistema. Utilizando-se a analogia com os sistemas naturais, considera-se o sistema industrial como um elemento (organismo) pertencente ao sistema. Dessa forma, para que o sistema industrial possa imitar os ciclos fechados da natureza, devem ser estabelecidas interações entre estes e entre estes e o ambiente, de forma que o ciclo de materiais conte com os organismos processadores e recicladores de resíduos. Estes organismos seriam responsáveis pela homeostase do sistema, e, conseqüentemente, mantendo as perdas dissipativas em um valor mínimo.

Fluxos e transformações de material e energia

Na Ecologia Industrial, é essencial o estudo dos fluxos de material e energia e das transformações destes fluxos em produtos, subprodutos e resíduos gerados durante sua passagem pelo subsistema industrial. Ou seja, é necessário conhecer o metabolismo de cada unidade para entender o sistema (Ayres et al. 1989; Ayres, 1994).

Com esta perspectiva, os fluxos são acompanhados desde sua fonte inicial, atravessando o sistema industrial, sua utilização pelos consumidores, até seu descarte final. Esta análise deve mostrar como as reservas são utilizadas em cada etapa do sistema. E auxilia assim a identificação de pontos onde uma ação imediata é possível ou necessária.

A Fig. 3-9 mostra uma representação esquemática de um agregado de unidades industriais que, juntas, podem formar um parque industrial ou um cluster. A complexidade do agregado pode aumentar, à medida que o número e a variedade de unidades industriais aumentam, assim como aumentam as interações entre as unidades. Uma empresa pode fornecer seus resíduos ou subprodutos para uma ou

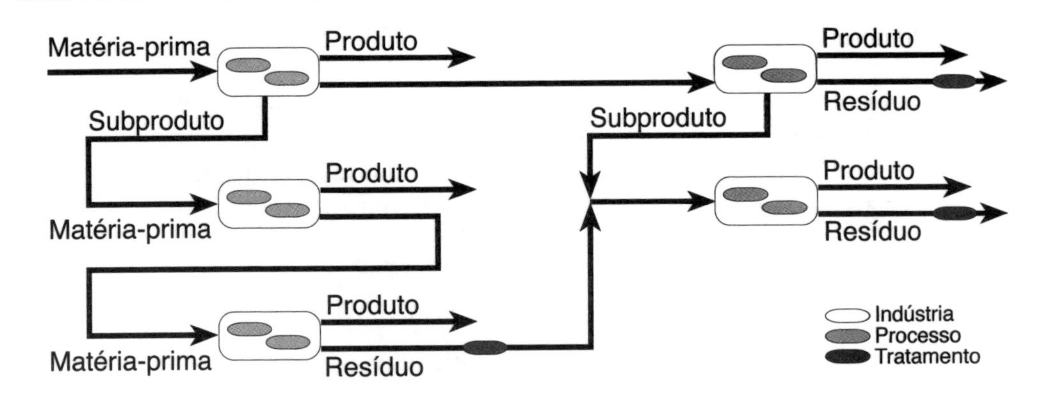

FIGURA 3-9 Representação da interação entre os fluxos de diversos sistemas.

mais empresas. Além da complexidade específica de cada unidade, as interações entre unidades e a maior troca de material e energia devem resultar em um efeito de cancelamento mútuo. Este será responsável pelo aumento da estabilidade do agregado como um todo e pela diminuição das oscilações do sistema com relação ao ambiente.

Dessa forma, o sistema global, ou seja, o agregado, que é resultado de várias contribuições menores, causará, como um todo, menor impacto ambiental do que aquele causado pela soma dos impactos das unidades individuais. Sob esta abordagem, o estudo do agregado pode ser iniciado em qualquer ponto do sistema, considerando-se sempre as unidades subjacentes. Analisando-se as empresas individuais como subsistemas do agregado, observa-se que os limites de cada empresa aumentam, passam pelo ambiente, pelos serviços necessários para seu funcionamento. Requerem, a partir deste momento, que o desenvolvimento de produtos seja feito com a colaboração de outras empresas que fazem parte do agregado. O objetivo da Ecologia Industrial neste contexto é estabelecer o total uso/reúso de reservas, para que o sistema não descarte nenhum resíduo, ou seja, emissão-zero. Neste momento, surge o aspecto mais crítico da Ecologia Industrial: a necessidade de cooperação entre empresas, pela troca de material, energia e, principalmente, informação.

Ecologia Industrial x indústria

Para ilustrar a relação entre a Ecologia Industrial e a indústria pode-se citar o exemplo da indústria química. A maior aproximação desse setor com o conceito de Ecologia Industrial é a Química Verde. Da forma como foi desenvolvida, a Química Verde continua ainda um conceito local, tanto no espaço como no tempo. O objetivo da Química Verde é utilizar técnicas inovadoras para minimizar, de imediato, impactos ambientais causados por determinados processos. Mas o alcance

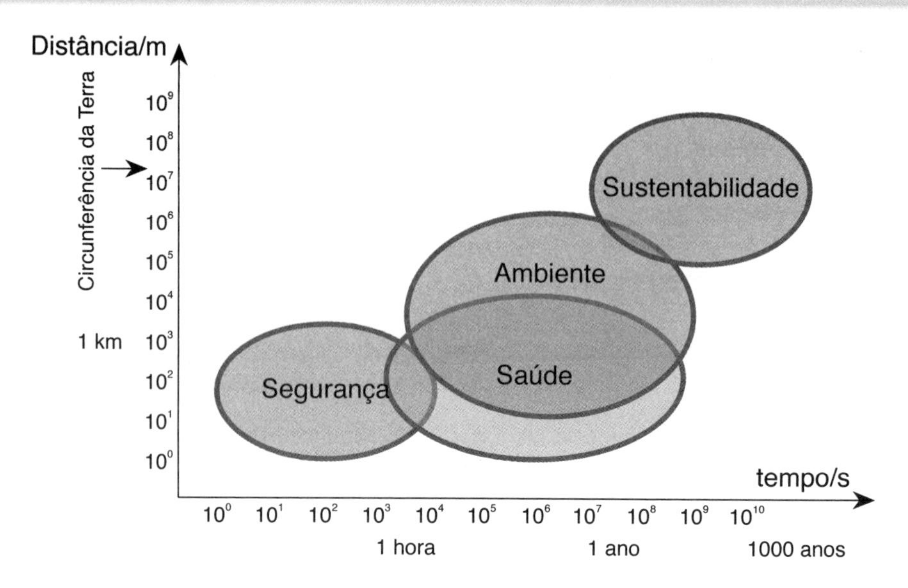

FIGURA 3-10 Relação dos problemas ambientais com as escalas de tempo e espaço, levando-se em consideração a sustentabilidade do sistema.

dessas técnicas limita-se às vizinhanças da fábrica. Ou seja, resume-se a minimizar as emissões de substâncias nocivas resultantes do processo em questão.

Este tipo de ação pode ser associado às práticas de Prevenção à Poluição ou de Produção Mais Limpa e é essencial no caminho da Ecologia Industrial. Entretanto, mesmo impactos ambientais localizados podem permanecer atuantes por longo tempo e acabar contaminando um espaço maior. Dessa forma, se há intenção de se alcançar a sustentabilidade, devem ser incluídas as interações com o ambiente por períodos maiores de tempo e também ser considerado um espaço mais abrangente, para além das vizinhanças da empresa (Fig. 3-10). Ou seja, deve-se levar em conta não só o processo em si, mas também sua implantação e operação.

Para expandir a Química Verde sob os conceitos da Ecologia Industrial, deve-se adotar uma análise sistêmica tanto dos produtos, como dos processos. Muitas das ferramentas desenvolvidas para avaliação de manufaturas e produtos podem ser adaptadas para qualquer tipo de indústria. Entre essas ferramentas, podemos citar a avaliação de ciclo de vida (ACV) (em inglês, Life Cycle Assessment, LCA) e o projeto para o meio ambiente (PMA) (Design for Environment, DfE).

A avaliação de ciclo de vida é uma ferramenta, que permite analisar processos e produtos. O objetivo é identificar as fontes diretas e indiretas de geração de resíduos e/ou poluentes associados a um processo ou produto. A análise do produto deve ser sempre acompanhada da análise do processo (Fig. 3-11), para que, sob a visão sistêmica da Ecologia Industrial, as interações da planta com o meio ambiente sejam compreendidas, tanto em sua dimensão espacial como temporal.

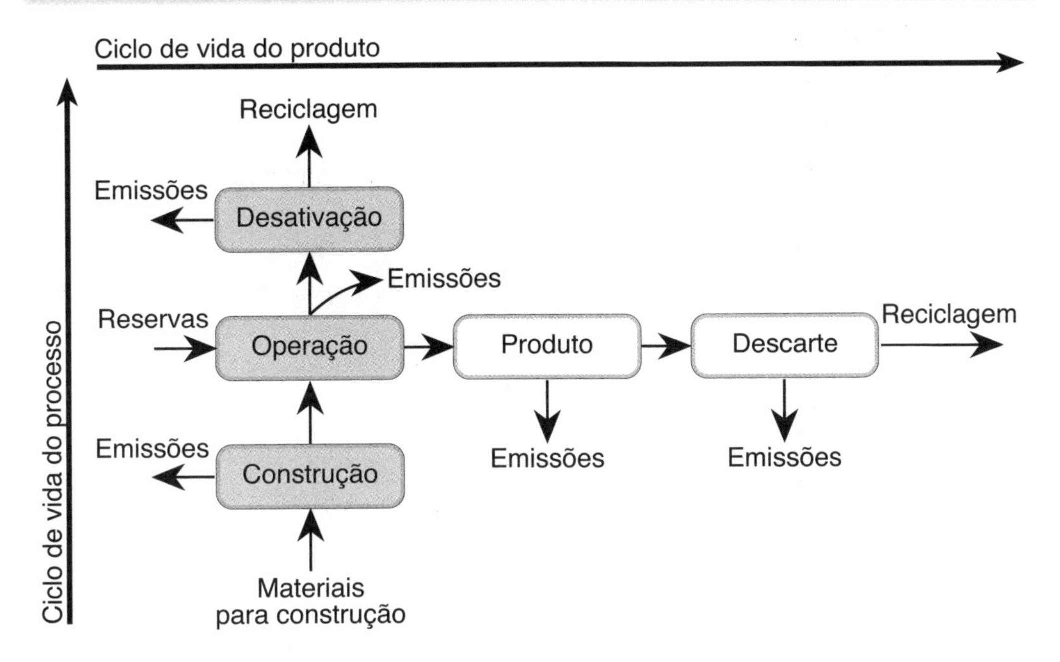

FIGURA 3-11 Representação da análise de ciclo de vida de uma indústria, considerando-se na horizontal o ciclo de vida do produto e, na vertical, o ciclo de vida da planta industrial.

Observa-se, na Fig. 3-11, que a ACV do produto leva em consideração a quantidade de reservas retiradas do meio ambiente para a fabricação do produto, a quantidade de material descartado, a possível reciclagem do produto após seu uso e as emissões (sólidas, líquidas ou gasosas), que podem ser geradas em cada etapa da vida do produto. A ACV do processo tem caráter temporal e leva em conta o impacto causado pela construção da planta, aquele devido à sua operação e, finalmente, o impacto relacionado à sua desativação. A avaliação da etapa de operação permite visualizar pontos, onde procedimentos relativamente simples podem minimizar a emissão de poluentes. Por exemplo, identificar possibilidades para reduzir e/ou eliminar o uso de solventes nas operações de limpeza e manutenção ou instalar detectores para identificar vazamentos de substâncias gasosas. Pode-se mostrar o efeito da desativação de uma planta e da recuperação das áreas de estações de tratamento e armazenamento de substâncias tóxicas em relação ao meio ambiente.

Um exemplo do ciclo de vida de um produto pode ser visualizado no fluxograma da Fig. 3-12, que mostra as etapas de fabricação e utilização do metanol e sua interação com o meio ambiente. No ciclo de vida do metanol, observa-se a contribuição do meio ambiente, onde se pode considerar a água utilizada para a irrigação ou a água de chuva necessária para o crescimento da biomassa e a área de terreno necessária para esse crescimento e seu reflorestamento. Nessa fase, ocorre principalmente a emissão de oxigênio, mas podem ser incluídos também fertilizantes, herbicidas ou pesticidas eventualmente utilizados no cultivo da bio-

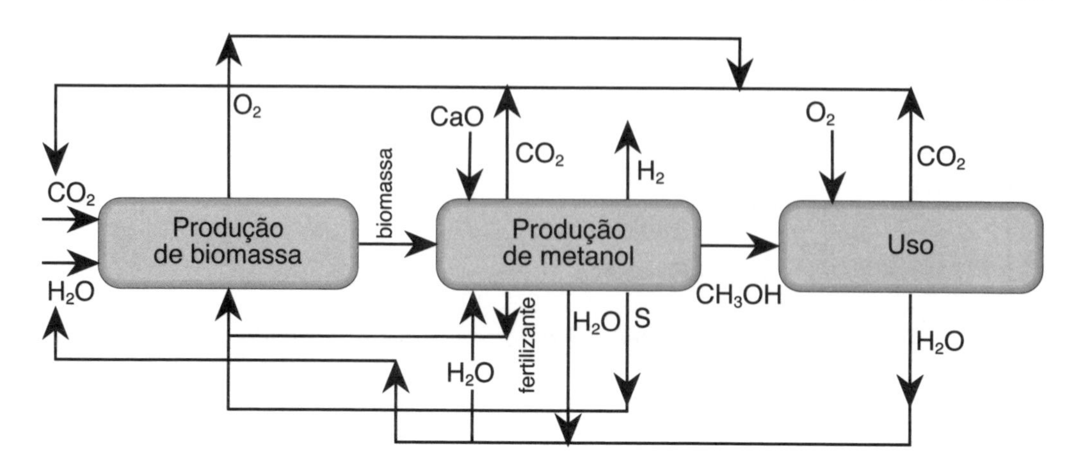

FIGURA 3-12 Ciclo de vida da produção de metanol.

massa. Na etapa de produção do álcool, pode-se observar a utilização de matérias-primas (biomassa e óxido de cálcio (CaO)), e água, a geração de um subproduto (fertilizante, que poderia ser reutilizado na primeira etapa), emissão de dióxido de carbono (CO_2) e enxofre. A ACV do metanol inclui seu uso, onde se consideram as emissões de CO_2 e o uso de água.

Esse tipo de avaliação – um balanço de massa e, também, de energia – permite conhecer profundamente todas as etapas de um processo e suas interações com o meio ambiente. Além disso, todas as interações do produto com o ambiente, desde a extração de matérias-primas para sua fabricação até seu descarte, podem ser avaliadas, alteradas e melhoradas. Tudo isso, com o fechamento de ciclos, a utilização de matérias-primas renováveis, a diminuição do transporte de material entre as etapas de vida do produto, o uso de processos ambientalmente benignos e a consideração da etapa de uso no planejamento do processo e do produto.

Outra ferramenta da Ecologia Industrial, que pode ser utilizada na indústria, é o *projeto para o meio ambiente*, (PMA) examina todo o ciclo de vida do produto e propõe alterações no projeto, de forma a minimizar seu impacto ambiental, da fabricação ao descarte. Incorporando o desenvolvimento do produto em seu ciclo de vida, o PMA pode integrar a preocupação com o meio ambiente em cada etapa do ciclo de vida do produto, de forma a reduzir os impactos gerados durante esse ciclo. No caso da indústria química, é preciso ressaltar que, apesar de o impacto ambiental gerado pelo produto, principalmente por seu descarte, ser bastante visível, tal impacto ambiental gerado pelo processo é geralmente maior. Processos bem-sucedidos tendem a manter-se em operação por muitos anos e ser utilizados para a fabricação de vários produtos. Como exemplo, pode-se citar a fabricação do papel. Enquanto o produto (papel) não causa impacto ambiental considerável, mesmo quando descartado inadequadamente, o processo de fabricação do papel inclui a extração de madeira, o uso de grandes quantidades de água e a emissão de uma grande quantidade de poluentes gasosos. Todas essas etapas resultam em profundos efeitos no ambiente.

O projeto de um processo, sob a óptica da Ecologia Industrial, deve prever a utilização de subprodutos e resíduos por outros processos. Além disso, deve considerar:

- a redução ou eliminação do uso de substâncias tóxicas, inflamáveis e explosivos;
- incluir fluxos de reciclagem sempre que possível;
- escolher os materiais mais adequados, naturais ou não, com base na ACV;
- considerar o consumo de energia, maximizando o uso de fontes renováveis de energia;
- usar o mínimo de materiais e evitar a utilização daqueles escassos;
- reduzir ou eliminar o armazenamento e emissão de materiais perigosos;
- reduzir ou eliminar o uso de materiais ligados à degradação da camada de ozônio e às mudanças climáticas durante o ciclo de vida.

A utilização do PMA pela indústria permite não só otimizar processos convencionais empregando tecnologias amigáveis ao meio ambiente, mas também interligar diferentes processos com a finalidade de transformar resíduos em subprodutos.

Com o emprego das ferramentas da Ecologia Industrial, pode-se conhecer profundamente um processo. Nessa etapa, práticas de produção mais limpa e prevenção à poluição devem melhorar o desempenho do processo. Entretanto, a partir do detalhamento do processo, surge a oportunidade de utilizar as abordagens mais sofisticadas, que estão sendo desenvolvidas nas últimas décadas.

A utilização dos conceitos da Ecologia Industrial pode trazer grandes vantagens para a indústria. A abordagem sistêmica permite visualizar que produtos e processos amigáveis ao ambiente não são somente aqueles produzidos, a partir de técnicas inovadoras que minimizam o impacto imediato causado pela fabricação.

Sendo a Ecologia Industrial uma abordagem relativamente nova, torna-se necessário o desenvolvimento de rigorosa fundamentação científica que sustente as decisões dos projetos e a aplicação de tecnologias voltadas para o meio ambiente. Os avanços nessa área vão depender do desenvolvimento teórico, de modelos quantitativos, pesquisa empírica e experimentos de campo. Além disso, para o caso da indústria química, é extremamente importante que o conhecimento desses conceitos e ferramentas seja de fácil acesso aos engenheiros químicos. A integração desses conceitos com o currículo dos cursos de Engenharia poderá acelerar as mudanças necessárias no setor, no que se refere à interação entre a indústria e o meio ambiente.

4 FERRAMENTAS

"Os processos envolvidos na manufatura, no uso e no descarte dos produtos são analisados, para determinação das quantidades de matéria-prima, energia, resíduos e emissões associados ao ciclo de vida do produto."

As oportunidades de redução da produção de resíduos e do consumo de matérias-primas e energia podem ser analisadas vantajosamente sob a óptica da Ecologia Industrial, que visa interligar o destino de materiais e de sua transformação em produto por meio de vários processos.

Nesse sentido a análise do ciclo de vida (ACV) constitui um elemento essencial para a Ecologia Industrial como ferramenta indispensável a um melhor acompanhamento dos ciclos e identificação de alternativas de interação entre processos. Da mesma forma, o projeto para o meio ambiente (PMA) tem sua importância aumentada pela necessidade de se prever a integração de unidades ou sistemas.

Avaliação do ciclo de vida

A avaliação do ciclo de vida (ACV) é um método utilizado para avaliar o impacto ambiental de bens e serviços. A análise do ciclo de vida de um produto, processo ou atividade é uma avaliação sistemática que quantifica os fluxos de energia e de materiais no ciclo de vida do produto. Segundo a Setac (Society of Environmental Toxicology and Chemistry),

> "A avaliação inclui o ciclo de vida completo do produto, processo ou atividade, ou seja, a extração e o processamento de matérias-primas, a fabricação, o transporte e a distribuição; o uso, o reemprego, a manutenção; a reciclagem, a reutilização e a disposição final." (*Guidelines for life-cycle assessment: a 'code of practice'*; Setac, Bruxelas, 1993.)

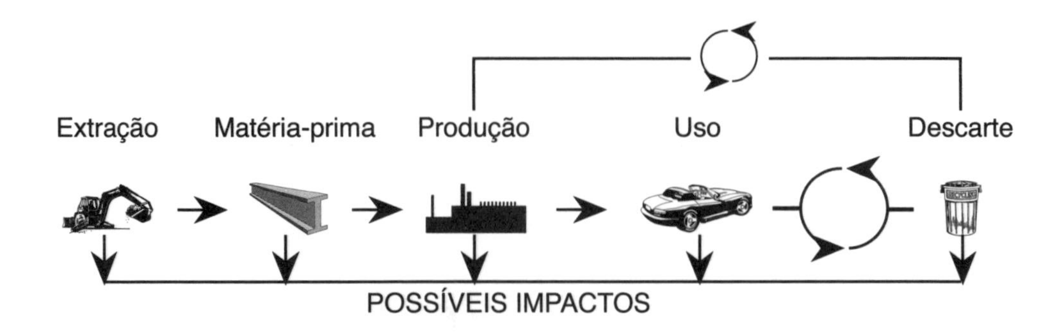

Figura 4-1 Ciclo de vida "do berço à cova" de um automóvel.

A Environmental Protection Agency (EPA) define a ACV como "uma ferramenta para avaliar, de forma holística, um produto ou uma atividade durante todo o seu ciclo de vida" (Vigon et al., 1993).

O ciclo nada mais é que a história do produto, desde a fase de extração das matérias-primas, passando pela fase de produção, distribuição, consumo e uso, até sua transformação em lixo ou resíduo. Por exemplo, quando se avalia o impacto ambiental de um automóvel, deve-se considerar não só a poluição causada pelo seu funcionamento, mas também os possíveis danos decorrentes do seu processo de fabricação, da energia que utiliza, da produção de seus diversos componentes, seu destino final, etc. (Fig. 4-1). A ACV leva em conta as etapas "do berço à cova" ou, considerando-se o aproveitamento do produto após o uso, do "berço ao berço".

Na ISO 14040 (1997), a ACV é definida como a

> **"compilação e avaliação das entradas, saídas e do impacto ambiental potencial de um produto através de seu ciclo de vida."**

Temos, dessa forma, uma ferramenta para análise dos danos ambientais de cada estágio de um ciclo de vida. Considera-se dano ambiental qualquer tipo de impacto causado no ambiente pela "existência" do produto. Isso inclui a extração de diferentes matérias-primas, emissão de substâncias tóxicas, utilização da terra, geração de energia para fabricação e uso do produto, etc. O termo "produto" é utilizado para bens e serviços.

O foco da ACV é, portanto, o produto. Os processos envolvidos na manufatura, no uso e no descarte dos produtos são analisados para determinação da quantidade de matérias-primas, energia, resíduos e emissões associados ao ciclo de vida do produto. Essa análise é, tanto quanto possível, quantitativa em caráter. Entretanto, quando não dá para quantificar, alguns aspectos qualitativos podem ser levados em conta, e, assim, que o impacto ambiental seja retratado da forma mais completa possível.

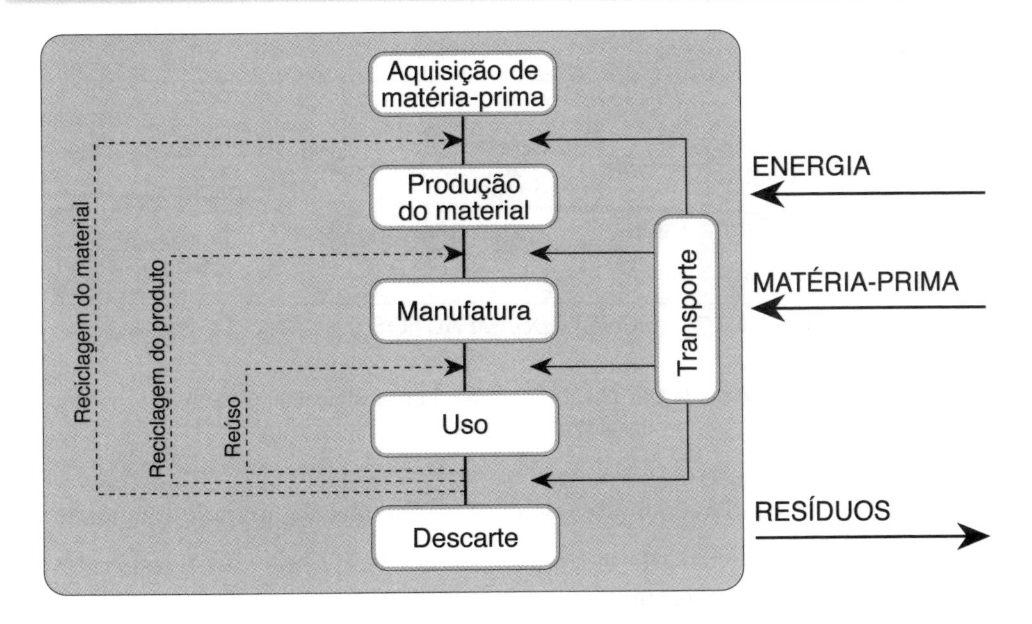

FIGURA 4-2 Principais estágios do ciclo de vida de um produto.

Para se dar início a uma ACV, um fluxograma do processo é construído, especificando todos os fluxos de material e energia que entram e saem do sistema. O diagrama simplificado da Fig. 4-2 mostra os principais estágios do ciclo de vida de um produto. O primeiro passo é a aquisição de matéria-prima, o que pode incluir, por exemplo, o plantio de árvores ou a extração de petróleo, dependendo do produto estudado. No estágio seguinte, a matéria-prima é processada para obtenção dos produtos, como papel ou plástico. Esses materiais já processados são então transformados em produtos, tais como copos descartáveis, no estágio de manufatura do produto. Após essas etapas, ocorre o uso e, após o uso, o descarte ou a reciclagem.

A reciclagem ocorre de várias formas. Um produto pode ser reutilizado (lavagem de copos plásticos e reúso direto), remanufaturado (seu material é utilizado na manufatura de outro produto) ou reciclado (seu material é utilizado como matéria-prima no processamento de outro copo). Todos esses estágios, em conjunto com o transporte requerido para deslocar materiais e produtos, consomem matéria-prima e energia e contribuem para o impacto ambiental causado pelo produto. A ACV inclui, assim, a aquisição da matéria-prima desde sua fonte primária, a produção, o uso e o descarte.

A ACV, portanto, propõe uma análise bastante complexa, com muitas variáveis. Por esse motivo, há uma estrutura formal, dividida em etapas, para a realização de uma avaliação de ciclo de vida de um produto (Fig. 4-3).

As etapas para a realização de uma ACV podem ser assim classificadas (ISO 14040):

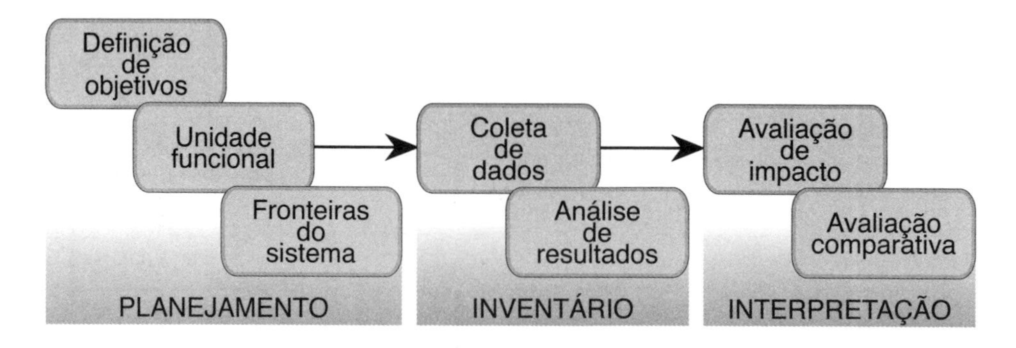

Figura 4-3 A análise do ciclo de vida (ACV) de um produto envolve muitas variáveis e, por isso, é dividida em diversas etapas.

- Definição dos objetivos e limites do estudo, escolha da unidade funcional.
- Realização do inventário de entradas e saídas de energia e materiais relevantes para o sistema em estudo.
- Avaliação do impacto ambiental associado às entradas e saídas de energia e materiais, ou avaliação comparativa de produtos ou processos: analisa os impactos causados pelas emissões identificadas e pelo uso das matérias-primas, e interpreta os resultados da avaliação de impacto, com a finalidade de implantar melhorias no produto ou no processo. Quando se utiliza a ACV para comparar produtos, é essa etapa que recomenda qual produto seria ambientalmente preferível.

Definição dos objetivos e limites do estudo

Os sistemas avaliados pela ACV são abertos, de forma que é importante estabelecer um plano para o procedimento. Durante a elaboração do plano, deve-se estabelecer as razões pelas quais a ACV será efetuada. É também nessa fase que se estabelecem as fronteiras do sistema, definindo o objetivo da avaliação e uma estratégia para coleta de dados e os métodos utilizados para a coleta (Fig. 4-4).

Uma vez definidos os limites do sistema e o objetivo da avaliação, uma unidade funcional deve ser escolhida para o cálculo das entradas e saídas do sistema. A escolha da unidade funcional (alocação) deve ser cuidadosa, já que pode levar a resultados ambíguos, especialmente quando se pretende comparar produtos.

Unidade funcional é a referência, à qual são relacionadas as quantidades mencionadas no inventário (próxima etapa). É uma unidade de medida da função realizada pelo sistema. Por exemplo, um sistema pode produzir 1 kg de polímero, um saco de papel ou um veículo. Essa unidade refere-se a uma unidade de produto e a uma unidade de função. Por exemplo, a função de um processo está associada à produção que pode gerar produtos e subprodutos. Dessa forma, considerando

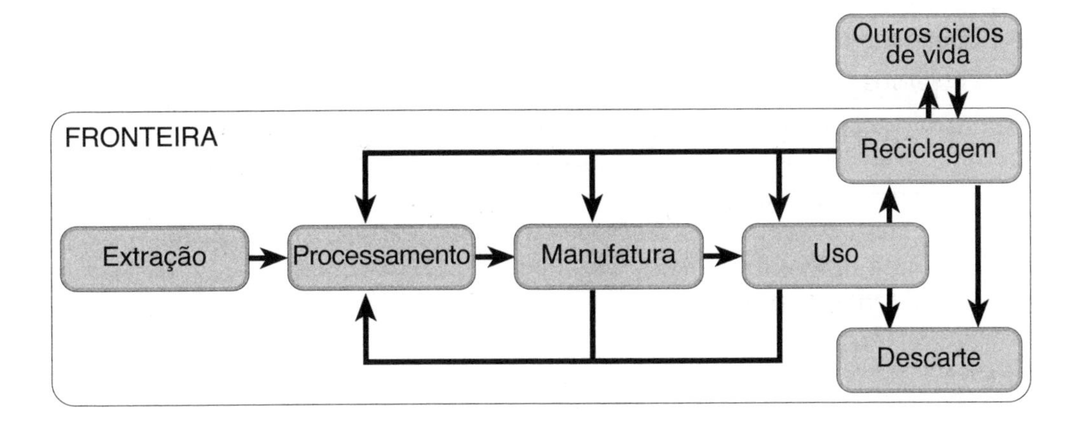

Figura 4-4 As fronteiras do sistema avaliado definem os objetivos da análise, bem como a estratégia e o método para coleta de dados.

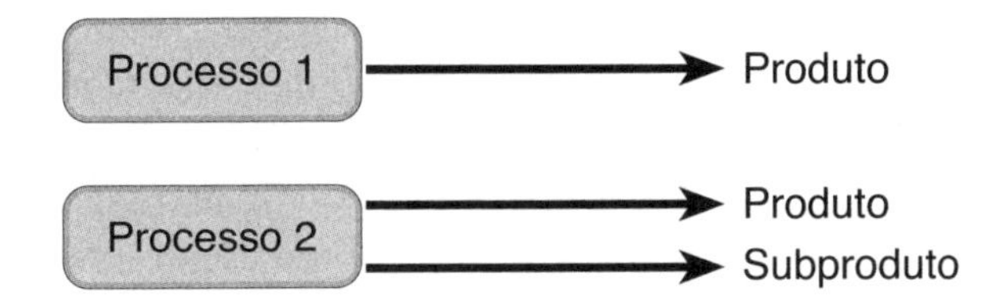

Figura 4-5 O mesmo produto pode ser obtido por dois processos diferentes, mas um deles gera subprodutos.

duas saídas, mesmo que a saída associada ao subproduto seja involuntária, esse processo apresenta duas funções — uma que gera o produto e outra que gera o subproduto (Fig. 4-5).

Assim, uma ACV para comparar dois processos de obtenção de um produto, em que um deles gera um subproduto, deve levar em consideração o impacto causado por esse subproduto. A unidade funcional escolhida não será simplesmente 1 kg de produto, pois o impacto associado ao processo será influenciado pela quantidade de subproduto proveniente do segundo processo. Portanto, para a seleção de uma unidade funcional, é preciso levar em consideração as possíveis funções do sistema, e a unidade funcional deve ser ajustada, para que os processos possam ser comparados.

É necessário, portanto, que a unidade funcional escolhida seja representativa do impacto causado pelo produto em foco. No caso de comparação de processos, a unidade funcional deve ser padronizada para os dois sistemas, porém será necessária muita cautela para a obtenção de resultados confiáveis. Também é possível atribuir fatores de impacto a diferentes funções de cada sistema (alocação por decomposição), como massa do produto, conteúdo energético, densidade ou outras propriedades físicas. Da mesma forma, pode-se fazer referência ao valor econômico da função (produto).

As decisões sobre a alocação da unidade funcional serão, evidentemente, determinadas pela natureza da fronteira estabelecida para o estudo do sistema, já que essa fronteira determina a influência dos fluxos de entrada e saída sobre a unidade funcional. A maioria dos processos é multifuncional, e suas saídas geralmente incluem subprodutos, intermediários e resíduos. Dessa forma, busca-se escolher uma unidade funcional associada ao fluxo econômico do sistema que represente todos os passos deste.

Realização do inventário

O inventário determina as emissões que ocorrem durante o ciclo e a quantidade de energia e matérias-primas utilizadas. Consiste basicamente num balanço de massa e energia, em que todos os fluxos de entrada devem corresponder a um fluxo de saída quantificada como produto, resíduo ou emissão. A elaboração do inventário leva ao conhecimento detalhado do processo de produção. Com isso, pode-se identificar pontos de produção de resíduos e sua destinação, as quantidades de material que circulam no sistema e as quantidades que dele saem. E ainda determinar a poluição associada a uma unidade do sistema e identificar pontos críticos de desperdício de matéria-prima ou de produção de resíduos.

A Fig. 4-6 apresenta um exemplo esquemático de um processo. Um balanço de massa pode ser efetuado em qualquer parte do sistema. Por exemplo, a matéria-prima que entra no sistema deve ser igual à que deixa o sistema:

$$\text{Produto} + S + R = (MP_1 - S_1 - R_1) + (MP_2 - S_2 - R_2).$$

Com o diagrama, identificam-se os fluxos de cada material que circula no sistema, e as perdas podem ser detectadas – imediatamente ou não –, dependendo da natureza do material e da complexidade do sistema. O próximo passo consiste em acompanhar o material dentro de cada ciclo, determinando qual fração permanece no produto, quanto dele é reciclado, por exemplo, na manufatura, e qual fração se perde ou é descartada. Cada estágio da manufatura pode então ser inspecionado, a fim de se determinar ou estimar o estágio mais importante para a redução de resíduos.

No diagrama mostrado na Fig. 4-7, pode-se novamente efetuar um balanço de material para cada estágio ou para o processo de manufatura como um todo, e a eficiência de cada estágio pode ser estimada. Para o estágio 1, pode-se escrever:

$$M + RC_2 = R_1 + P_1$$

e representar a eficiência como a razão entre os fluxos de saída de produto e total:

$$\text{Eficiência} = \frac{P_1}{P_1 + R_1}.$$

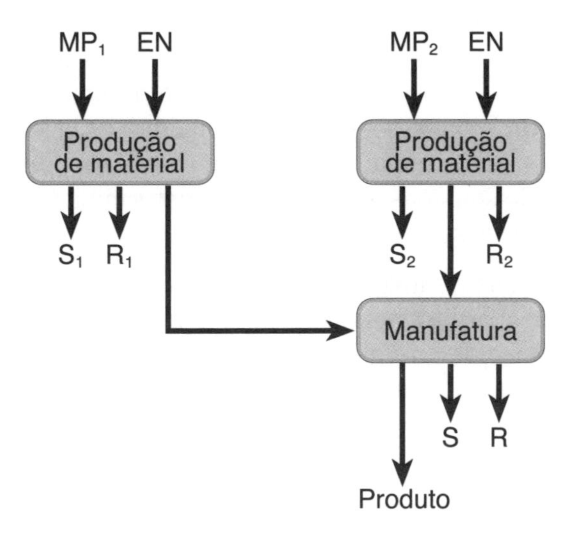

FIGURA 4-6 O inventário permite identificar pontos que produzem resíduos, quantidades de material que entram e saem do sistema, a poluição causada por uma unidade, desperdícios, etc.

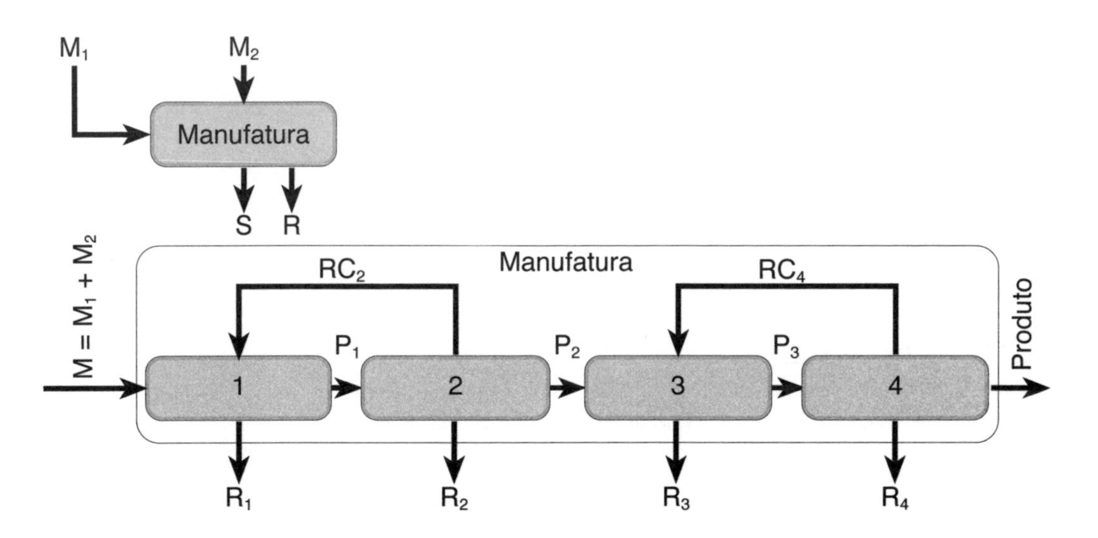

FIGURA 4-7 O balanço de material para cada estágio ou para o processo todo possibilita estimar a eficiência dos estágios.

Considerando que R_1 representa 10% do material de entrada (M) e que RC_2 representa outros 10%, sabemos que:

$$P_1 = M + 0{,}1M - 0{,}1M = M.$$

E pode-se calcular a eficiência desse estágio:

$$\text{Eficiência} = \frac{M}{M + 0{,}1M} \approx 90\%.$$

O mesmo procedimento se aplica a todo o processo, o que facilita a identificação de fluxos que podem ser alterados e de estágios de baixa eficiência que podem ser melhorados, quanto ao aproveitamento de materiais e à minimização de resíduos. O inventário, por si só, permite a tomada de decisões sobre os investimentos necessários em determinadas partes do processo, possibilitando a análise técnica para escolha de soluções aos problemas determinados (reciclagem, reutilização, mudança de processo ou parte dele).

Os resultados da fase de inventário são apresentados em tabelas, para realização da próxima fase, para a avaliação do impacto (veja o exemplo de tabela). A quantidade de material e de energia de cada ciclo da tabela provém do inventário detalhado de cada etapa que compõe o ciclo.

Exemplo de tabela de resultados

Ciclos de vida	**Escolha do material**		**Uso de Energia**		**Uso de água**	**Resíduos sólidos**		**Resíduos líquidos**			**Resíduos gasosos**		
	R	NR	CF	EE		Rc	NRc	SS	MP	Óleo	P	CO_2	SO_2
Extração													
Produção													
Embalagem													
Transporte													
Uso													
Reciclagem													
Descarte													

R (renovável); NR (não-renovável); CF (combustível fóssil); EE (energia elétrica); Rc (recicláveis); NRc (não-recicláveis); SS (sólidos em suspensão); MP (metais pesados); P (particulados).

Considera-se o ciclo de vida do produto composto por toda a seqüência de ciclos mostrados na tabela. Outras formas de informação que não podem ser quantificadas, como considerações sobre a qualidade dos dados, devem ser mantidas para auxiliar na fase de interpretação.

Avaliação do impacto ambiental

O objetivo da avaliação do impacto do ciclo de vida é compreender e avaliar a magnitude e importância dos impactos ambientais baseados na análise do inventário. O mais importante efeito da aplicação da ACV é a minimização da magnitude da poluição causada por um determinado processo. A conservação de matérias-

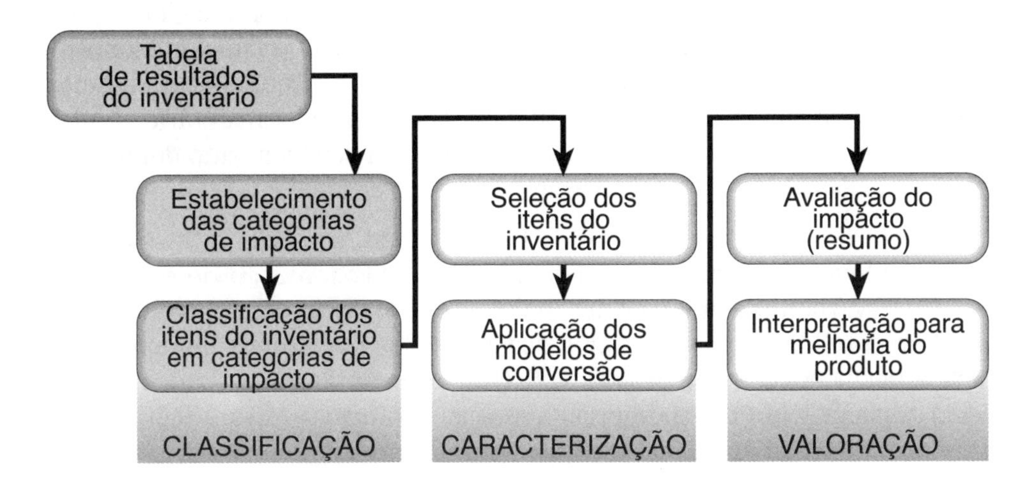

Figura 4-8 Etapas para avaliação de impacto.

primas não-renováveis, como as fontes de energia, pode ser também o objetivo de uma avaliação, assim como a conservação de sistemas ecológicos em áreas sujeitas a um balanço delicado de suprimentos, como regiões onde há escassez de água. A produção de resíduos representa perda de reservas e resulta em degradação do meio ambiente.

Uma vez identificadas as emissões para o ambiente e apresentadas na tabela de resultados do inventário, os impactos de cada emissão devem ser caracterizados e avaliados. A avaliação procura determinar a severidade dos impactos. Para isso, são definidas três etapas: classificação, caracterização e valoração (Fig. 4-8).

Classificação: agrupam-se e selecionam-se os dados do inventário do ciclo de vida em algumas categorias de impacto. As categorias gerais são o esgotamento de recursos, a saúde humana e os impactos ecológicos.

Caracterização: etapa de análise e quantificação do impacto em cada categoria selecionada, com a utilização de dados físicos, químicos, biológicos e toxicológicos relevantes que descrevam os impactos potenciais.

Valoração: discute-se a importância dos resultados da avaliação de impactos. Pode envolver interpretação, ponderação e ordenação dos dados de análises de inventário.

Classificação

Na primeira etapa, classificam-se os impactos de acordo com o meio receptor ou com os efeitos ambientais. Meio receptor (meio físico) é aquele que recebe o resíduo descartado (água, ar, solo). E os efeitos ambientais considerados são as conseqüências do descarte (esgotamento de matérias-primas, potencial de aquecimento global, potencial de redução da camada de ozônio, potencial de acidificação). Os resultados do inventário são analisados com base no impacto ambiental que podem causar. Para isso, definem-se categorias de impacto, que são tabeladas e permitem a comparação com os dados obtidos durante o inventário. A norma ISO 14042 regulamenta essa fase, e categorias de impacto têm sido definidas por várias instituições.

O Centro de Ciência Ambiental da Universidade de Leiden (Centre for Environmental Science) obteve reconhecimento internacional, ao desenvolver um guia para ACV. Há também listas desenvolvidas pelo Grupo de Trabalho em Avaliação Ambiental da Setac e métodos desenvolvidos por grupos de empresas de setores específicos, como o Projeto EPI (Environmental Performance Indicator Project), desenvolvido por indústrias químicas holandesas. Esses métodos utilizam "fatores de caracterização", em que cada emissão contabilizada no inventário pode ser associada a uma determinada categoria de impacto ambiental.

Existem vários tipos de categoria. Alguns métodos estabelecem apenas quatro categorias: diminuição de reservas, saúde ecológica, saúde humana e bem-estar social. Outros, desenvolvidos especialmente para a indústria química, discriminam sete categorias, como as relacionadas na Tab. 4-1.

Tabela 4-1 Categorias de impacto utilizadas pela indústria química

Categoria	Fator de caracterização	Substância de referência	Emissões
Aquecimento global	GWP (global warming potential)	CO_2	Na atmosfera
Diminuição da camada de ozônio	ODP (ozone depletion potential)	CFC-11	Na atmosfera
Acidificação	AP (acidification potential)	SO_2	Na atmosfera
Criação fotoquímica de ozônio	POCP (photochemical ozone creation potential)	Etileno	Na atmosfera
Toxicidade	HTP (human toxicity potential)	Diclorobenzeno	Na atmosfera
Ecotoxicidade	ETP (eco toxicity potential)	Diclorobenzeno	Na água
Eutroficação	EP (eutrophication potential)	Fosfato	Na água

Dependendo da sofisticação e detalhamento da avaliação, há ainda a definição de subcategorias. Por exemplo, a categoria ecotoxicidade pode ser subdividida em cinco itens: ecotoxicidade em água doce, ecotoxicidade em água do mar, ecotoxicidade em sedimentos de água doce, ecotoxicidade em sedimentos de água do mar e ecotoxicidade terrestre.

Caracterização

Uma vez estabelecidas as categorias de impacto para o estudo, definem-se os fatores de caracterização associados às suas respectivas substâncias de referência (Tab. 4-1). A fim de situarmos mais claramente o que foi exposto, listamos a seguir como são definidos os fatores de caracterização.

- GWP – Medida da capacidade de um componente químico em absorver calor, em comparação ao CO_2. O valor do GWP é regularmente atualizado com base em estudos científicos e publicado pelo IPCC (Intergovernmental Panel on Climate Change).
- ODP – Medida da capacidade de um componente químico em diminuir a camada de ozônio, em comparação ao clorofluorcarbono (CFC-11). A WMO (World Metereological Organization) publica a lista dos ODPs.
- POCP – Medida da mudança na concentração de ozônio resultante da emissão de um componente químico, em comparação ao etileno.
- AP – Medida do efeito acidificante de um componente químico em um ecossistema particular, comparativamente ao dióxido de enxofre (SO_2). O AP é calculado com o emprego do Modelo Rains, que avalia as deposições resultantes de emissões na atmosfera dos reagentes mais importantes: amônia (NH_3), NO_x e SO_2.
- HTP – Medida do efeito tóxico de um componente químico para o ser humano, em comparação ao efeito da emissão do 1-4-diclorobenzeno na atmosfera. O HTP é calculado com o emprego do Modelo Rains.
- ETP – Medida do efeito tóxico de um componente químico despejado em água doce, em comparação ao efeito da emissão do 1-4-diclorobenzeno na água.
- EP – Medida da potencial contribuição de um componente químico para gerar biomassa, em comparação ao fosfato (PO_4).

Na fase de caracterização (Fig. 4-8), os itens do inventário que apresentam emissões acima do permitido pela legislação local são selecionados, e modelos de conversão são utilizados para quantificar os danos ao ambiente. Cada emissão individual de um componente químico específico – geralmente expressa em quilogramas por ano (kg/ano) – é multiplicada por um "fator peso", que a relaciona com a categoria de impacto (EP ou AP, por exemplo).

Uma substância pode estar associada a mais de uma categoria de impacto, com diferentes efeitos sobre cada categoria. O fator peso reflete o impacto ambiental de 1 kg desse componente químico em relação ao impacto de 1 kg da substância de referência de cada categoria. Como exemplo, pode-se considerar que o fator peso atua da seguinte forma: uma substância A é 20 vezes mais persistente e 5 vezes mais tóxica que a substância B. Dessa forma, considera-se que o descarte de 1 kg da substância A causará o mesmo dano ao ambiente que o descarte de 100 kg da substância B. A Tab. 4-2 mostra um cálculo hipotético do impacto gerado por algumas substâncias com base em fatores de peso tabelados no Projeto EPI.

Tabela 4-2 Cálculo hipotético do impacto gerado com base em fatores de peso tabelados no Projeto EPI

Caracterização	Componente químico	Emissão (kg/ano)	Fator peso	Contribuição para o impacto
GWP	A	1	100	100
	B (referência)	1	1	1
ODP	CFC-113	1	9	9
AP	NH_3	10	1,3	13
POCP	Butadieno	2	8,5	17
HTP	Butadieno	2	7	14

O impacto assim avaliado permite determinar qual parte do sistema gera maior dano ambiental, estabelecer prioridades para ações futuras e estimar se há melhora de desempenho quando se compara o impacto avaliado ano a ano. Entretanto, a normalização por meio de fatores de impacto e fatores de peso gera controvérsias, pois essa aproximação não considera as condições locais, onde ocorre a emissão. Por exemplo, o efeito de uma emissão pode ser completamente diferente, conforme as condições locais do sistema, a concentração preexistente da substância na área, a presença ou não de população, o tipo de ecossistema, etc.

Essas condições não podem ser incorporadas ao resultado da avaliação do impacto, a qual, apesar da análise extremamente detalhada, deve então ser tomada somente em termos genéricos. Por esse motivo, muitos estudos de ACV limitam-se a avaliações qualitativas que estabelecem escalas de dano para as substâncias. Nesse tipo de abordagem, estabelece-se o risco relativo com base na classificação dos impactos ambientais estabelecida por exemplo, pelo Science Advisory Committee da EPA, em 1990. Essa abordagem é de aplicação mais simples e útil quando se comparam produtos ou processos, como se pode ver no exemplo a seguir.

	CFC-113	Etileno	CO_2	SO_2
Aquecimento global	++		+++	
Diminuição da camada de ozônio	+++			
Acidificação				+++
Criação fotoquímica de ozônio		+++		++

GRAEDEL e ALLENBY, 1995, propõem um sistema de avaliação numa matriz com um total de 25 elementos (Tab.43). Na vertical, aparecem os estágios do ciclo de vida do produto. Na horizontal, relacionam-se os aspectos ambientais envolvidos em cada fase do ciclo. Cada elemento da matriz recebe uma nota de zero (o mais alto impacto ambiental) a quatro (o menor impacto ambiental). Como são 25 elementos, a soma de todas as notas pode atingir no máximo a nota 100, o que indicaria um produto sem impactos sobre o meio ambiente. No produto hipotético do exemplo, a soma das notas de cada categoria seria 35. Esse número poderia ser utilizado para avaliar a substituição de um material, a troca do tipo de embalagem ou a quantidade de resíduos gerada por mudanças no processo.

TABELA 4-3 Matriz simplificada para ACV

Estágio do ciclo de vida do produto	Aspectos ambientais				
	Consumo de material	Consumo de energia	Resíduos sólidos	Resíduos líquidos	Resíduos gasosos
Extração	4	2	2	3	0
Manufatura	2	2	3	2	0
Embalagem	2	1	1	0	0
Uso	3	1	0	0	0
Reciclagem/descarte	2	0	3	0	1

A matriz proposta por GRAEDEL não inclui aspectos ambientais relativos à distribuição ou ao transporte do produto. Mas a matriz pode ser facilmente adaptada para inclusão desses aspectos.

Valoração

A terceira etapa da avaliação de impacto (Fig. 4-8) destina-se a interpretar os valores obtidos na etapa anterior. Utiliza-se essa fase no desenvolvimento, melhoria e comparação entre produtos e processos. Cabe ressaltar que a comparação tem sido bastante utilizada, mas o emprego da ACV para melhorar produtos é, sem dúvida, mais importante, pois pode identificar processos, componentes e sistemas para minimização de impactos ambientais.

Um exemplo clássico da utilização de uma ACV para melhorar um produto é estudo do uso de energia durante o ciclo de vida de uma blusa de poliéster.

O inventário do ciclo de vida da blusa mostra que o maior consumo de energia ocorre durante o uso do produto nas operações de lavagem e secagem (Tab. 4.4). Nesse caso, o desenvolvimento de um produto que exija o uso de água fria para lavagem resultará em economia de energia e diminuirá drasticamente o impacto ambiental causado por ele (Franklin Associates, 1993).

Tabela 4-4 Uso de energia durante o ciclo de vida de uma blusa de poliéster

	Energia utilizada
Produção	18%
Uso	82%
Descarte	< 1%

Muitas vezes, costuma-se desprezar o impacto ambiental associado ao uso dos produtos. Esse impacto acontece longe do fabricante e por um período de tempo que pode ser longo ou não. Para produtos duráveis, o impacto gerado no dia-a-dia pode ser pequeno, mas, quando se contabiliza toda sua vida, constata-se o quanto ele pode ser significativo. A avaliação de cafeteiras elétricas mostra que seu maior impacto acontece na fase de utilização, Tab. 4-5 (Ramos, 2001).

Nas condições estabelecidas para análise (quantidade de café/dia), 96% do impacto gerado pela cafeteira residencial ocorre durante sua utilização, contra menos de 4% de impacto na produção. A simples redução do impacto na fase de produção não resultaria, necessariamente, em reduções significativas do impacto do produto, quando se considera seu ciclo de vida total. Esforços devem ser direcionados para a redução de energia elétrica e do uso de filtros de papel.

A comparação de produtos também é muito utilizada, porém deve ser vista com cuidado. Esse tipo de avaliação normalmente é patrocinado pelas empresas e às vezes, reflete interesses de determinado setor nos resultados. Pode-se utilizar a avaliação quantitativa, como se vê no exemplo hipotético da Tab. 4-6, ou a avaliação qualitativa (Tab. 4-6a).

Tabela 4-5 Análise do ciclo de vida de uma cafeteira elétrica, com base no ecoindicador

Material ou processo	Quantidade	Indicador	Resultado
Produção: materiais, tratamentos, transportes e energia extra			
Poliestireno	1 kg	360	360
Injeção no molde PS	1 kg	21	21
Alumínio	0,1 kg	780	78
Extrusão AL	0,1 kg	72	7
Aço	0,3 kg	86	26
Vidro	0,4 kg	58	23
Gás queimado (moldagem)	4 MJ	5,3	21
Total			536
Uso: transporte, energia e materiais auxiliares			
Energia elétrica	375 kWh	37	13.875
Papel	7,3 kg	96	701
Total			14.576
Descarte: processo de descarte para cada tipo de material			
Lixo municipal, PS	1 kg	2	2
Lixo municipal, ferroso, grande parte reciclada	0,4 kg	-5,9	-2,4
Lixo doméstico, vidro (52% reciclado)	0,4 kg	-6,9	-2,8
Lixo municipal, papel	7,3 kg	0,71	5,2
Total			2
TOTAIS (todas as fases do ciclo de vida do produto)			

Tabela 4-6 Avaliação quantitativa

Caracterização	Componente químico	Emissão (kg/ano)		Fator peso	Contribuição para o impacto	
		Produto X	Produto Y		X	Y
GWP	A	1	0,5	100	100	50
	B (referência)	1	5	1	1	5
ODP	CFC-113	10	8	9	90	72
AP	NH_3	2	2	1,3	2,6	2,6
POCP	Butadieno	2	2	8,5	17	17
HTP	Butadieno	2	1	7	14	7

Tabela 4-6a Avaliação qualitativa

Caracterização	Componente químico	Emissão (kg/ano)		Fator peso	Contribuição para o impacto	
		Produto X	Produto Y		X	Y
GWP	A	1	0,5	100	++	+
	B (referência)	1	5	1	+	+++++
ODP	CFC-113	10	8	9	+++	++
AP	NH_3	2	2	1,3	+	+
POCP	Butadieno	2	2	8,5	+	+
HTP	Butadieno	2	1	7	++	+

Quando a ACV é utilizada para comparar produtos, essa etapa proporcionada por ela é a que recomenda qual deles seria ambientalmente preferível.

O desenvolvimento de metodologias para avaliação de impacto ambiental é um tema ainda relativamente novo, de forma que permanece incompleto. Há vários modelos de conversão, que diferem entre si quanto à sofisticação, ao grau de incertezas e à forma de converter os valores do inventário.

Aplicações da ACV

As principais aplicações da ACV são a análise da origem de problemas de um particular produto, a comparação entre possíveis melhorias de um dado produto, a identificação de pontos fortes e fracos de uma certa opção, um guia para o projeto de um novo produto e a escolha entre dois produtos similares em função de seus balanços ecológicos. O desenvolvimento e a utilização de tecnologias mais limpas, a maximização da reciclagem de materiais e resíduos e a decisão sobre a aplicação do método mais apropriado para prevenção e controle da poluição são fatores que podem ser baseados, também, em uma avaliação de ciclo de vida.

Para os fabricantes, pode-se destacar as seguintes vantagens de uma ACV:

- identificar os processos, materiais e sistemas que mais contribuem para o impacto ambiental;
- comparar as diversas opções, em processo particular, para minimizar o impacto ambiental e
- fornecer um guia que permita traçar uma estratégia de longo prazo que leve em conta o projeto e a utilização de materiais de um produto.

Já o setor público pode utilizar a ACV para

- desenvolver políticas de longo prazo para regulamentação do uso de materiais, para conservação de reservas, redução de impactos ambientais causados por materiais e processos durante o ciclo de vida de um produto;
- avaliar a redução de reservas e implementar tecnologias alternativas para utilização de resíduos e
- fornecer informações ao público sobre as características de produtos e processos.

Limitações da ACV

A característica abrangente da ACV, que se propõe a analisar todos os fluxos de material e energia no ciclo de vida de um produto, é também sua maior limitação. Sempre será necessário simplificar alguns aspectos. Além disso, uma ACV é a representação de um determinado momento e não fornece uma visão dinâmica do sistema em estudo, referindo-se apenas a potenciais impactos. Outra limitação diz respeito aos mecanismos que podem influenciar a produção de um determinado bem. A ACV limita-se à descrição física do sistema, não podendo incluir processos, como demanda do mercado ou a situação econômica e social em que o sistema está inserido.

Nesse quadro de descrição física do sistema, há ainda uma série de considerações e escolhas, em que a arbitrariedade deve ser evitada. Isso pode ser minimizado com um estrito acompanhamento dos processos de padronização de procedimentos estabelecidos pelas normas ISO, que fornecem uma referência internacional quanto a definições, procedimentos e terminologia. As normas ISO estabelecem padrões para os aspectos organizacionais e técnicos de uma ACV, os quais dão especial atenção a avaliações comparativas que poderão ser levadas a público, e determinam o papel dos avaliadores.

São várias fontes de incertezas inerentes a uma ACV. A escolha de uma unidade funcional pode levar a ambigüidades. A exclusão de uma etapa considerada incorretamente como de pouca influência nos resultados finais pode também conduzir a erro. Mais importante, os dados disponíveis sobre o processo podem ser pobres ou inexistentes. Para contornar essas limitações, alguns procedimentos de controle devem ser observados:

Controle de sensibilidade: Um dado particular do inventário do ciclo de vida pode ser objeto de grande incerteza e, por isso, deve-se variar esse valor e verificar se ele não coloca em causa os resultados globais da ACV.

Controle de abrangência: Para poder comparar ciclos de vida de dois processos ou duas etapas de um ciclo de vida, é necessário ter-se uma mesma base de informações. Por exemplo, se um dos processos não possibilita a coleta dos dados necessários para a avaliação, a comparação não será possível. Deve-se verificar, portanto, a abrangência das informações disponíveis para a interpretação desejada.

Controle de coerência: Tem por finalidade determinar a coerência de dados, das hipóteses e dos métodos considerados. Por exemplo, dois inventários, utilizados para comparar produtos ou processos, são realizados com dados dos últimos 10 anos. A idade dos dados é, portanto, coerente. Dados retirados da literatura podem corresponder a uma tecnologia com melhor rendimento do que aquela avaliada. É preciso especificar essa incoerência nas conclusões da ACV ou outros dados devem ser utilizados.

Todos esses fatores afetam a qualidade dos dados, de modo que os resultados finais não serão precisos ou confiáveis.

Apesar dessas limitações, a ACV é uma ferramenta única na identificação de impactos e implementação de estratégias para a redução do impacto ambiental de produtos específicos, a fim de comparar os méritos relativos de produtos e opções de processos.

Projeto para o Meio Ambiente

Conforme mostrado nos capítulos anteriores, os atuais problemas ambientais resultam não somente das etapas de produção, mas também do uso de um produto e de seu descarte final. Muitos dos danos ao meio ambiente poderiam ser evitados ou minimizados, se fossem adotadas estratégias adequadas para redução dos impactos ainda no projeto do produto.

O Projeto para o Meio Ambiente - PMA (DfE, *design for the environment*) deve examinar todo o ciclo de vida de um produto e propor alterações no projeto, de forma a minimizar seu impacto ambiental, da fabricação ao descarte. A incorporação do desenvolvimento do produto em seu ciclo de vida pode integrar a preocupação com o meio ambiente em cada etapa do ciclo de vida dele, de forma a reduzir os impactos gerados durante esse ciclo. Assim, os projetistas, para estarem em uma melhor posição de contribuição ao surgimento de produtos ambientalmente amigáveis, devem conhecer o fluxo total dos materiais, da extração à disposição final; desenvolver métodos e ferramentas de projetos voltados para o meio ambiente; pesquisar materiais que facilitem a reciclagem; desenvolver novas tecnologias e sistemas de produção.

O projeto tradicional de um produto busca satisfazer as necessidades de utilização desse produto pelo consumidor, sem levar em conta seu destino após o uso ou os impactos decorrentes de seu ciclo de vida. Pode incluir critérios como bom desempenho de sua função, fabricação eficiente e uso de técnicas e materiais apropriados, facilidade de uso e segurança, qualidades estéticas e visuais e boa relação custo/benefício. A importância relativa desses critérios varia bastante, dependendo do tipo de produto e do consumidor, para o qual é direcionado. Sob esse aspecto, o processo tradicional de desenvolvimento de produtos pode ser visto como composto das seguintes etapas:

- identificação de oportunidades;
- conceituação;
- projeto preliminar ou ante-projeto e estudos de viabilidade;
- desenvolvimento ou concepção, especificação e detalhamento;
- qualificação técnica, econômica e de mercado.

Considerando o impacto ambiental que o produto pode causar durante seu ciclo de vida, o PMA pode contribuir com o surgimento de produtos ambientalmente melhores. Com base na ACV, pode-se iniciar o projeto de um produto com conhecimento do fluxo total dos materiais, da extração à disposição final; pesquisar materiais que facilitem a reciclagem; desenvolver novas tecnologias e sistemas de produção, a fim de que o produto seja amigável ao meio ambiente.

O desenvolvimento do produto pode então ser direcionado com base nas seguintes considerações:

- entender o produto como ambientalmente correto por todo o seu ciclo de vida;
- escolher os materiais mais adequados, naturais ou não, com base na ACV;
- ter em conta o consumo de energia, maximizando o uso de fontes renováveis de energia;
- aumentar a vida do produto;
- usar o mínimo de material e evitar a utilização de materiais escassos;
- empregar produtos recicláveis ou reutilizáveis, reduzindo ou eliminando o uso de materiais virgens;
- reduzir ou eliminar o uso de materiais tóxicos, inflamáveis e explosivos durante o ciclo de vida;
- reduzir ou eliminar o armazenamento e emissão de materiais perigosos;
- alcançar ou exceder as metas regulamentares;
- reduzir ou eliminar o uso de materiais ligados à degradação da camada de ozônio e às mudanças climáticas, durante o ciclo de vida;
- melhorar a logística de distribuição, minimizando a necessidade de transporte.

O projeto para o ambiente inclui novas considerações no processo de desenvolvimento, sem alterar, em princípio, sua estrutura. Essas considerações envolvem a busca de novos tipos de informação, como o impacto ambiental dos diferentes materiais, produtos e processos. A seleção de materiais deve considerar o uso de matéria-prima renovável e as reservas disponíveis, dando-se ênfase ao uso de materiais reciclados. Leva-se em consideração a possibilidade de aumentar o tempo de vida útil do produto, quão eficiente será o uso da energia e se, ao final de seu ciclo de vida, o produto poderá ser reaproveitado. As tomadas de decisão são mais complexas, já que avaliam outros fatores, como a opção entre atender a requisitos ambientais ou a outros requisitos do projeto, escolher estratégias adequadas para reduzir os impactos do produto no ambiente, em detrimento de um possível aumento do custo, e criar conceitos de produtos de baixo impacto ambiental (UNEP, 1997).

O PMA deve ser visto como uma ferramenta que incorpora considerações ambientais no projeto de produtos e processos, fundamentada na comparação de desempenho, custos e riscos associados. O objetivo do PMA é prevenir a poluição e minimizar o uso de reservas e energia, já que, durante o desenvolvimento de um produto, dá para prever e, possivelmente, evitar seus impactos ambientais negativos.

Nesse contexto, há várias frentes de ação que podem ser classificadas como parte do projeto ambiental x – Dfx (*design for* x), sendo x uma característica de produto que deve ser maximizada. Os Dfx se caracterizam pela busca de soluções que facilitem a montagem, desmontagem e reciclagem dos produtos, além das questões normalmente conhecidas nos projetos, como redução de custo, melhoria de eficiência, manutenção facilitada, etc. (Tab. 4-7). O PMA se integra, nesse conjunto de ações, na busca de um melhor desempenho ambiental.

A redução no uso de material é uma das principais estratégias do PMA. A redução no uso de recursos naturais incorporados ao produto ou, devido à sua utilização, a redução ou eliminação de resíduos gerados ao longo de seu ciclo de vida e no final de sua vida útil, contribuem para diminuir impactos ambientais.

As estratégias mais usadas no desenvolvimento de produtos com essa finalidade incluem prolongamento da vida útil do produto, de seus componentes e materiais e a redução do consumo de materiais e energia. O prolongamento da vida útil tem como objetivo aumentar o tempo de utilização do produto ou dos materiais nele incorporados. Para alcançar esse objetivo, o desenvolvimento do produto deve prever sua maior durabilidade, sua reutilização para remanufatura ou, ainda, a reciclagem dos materiais o compõem.

É importante observar que produtos duráveis não são necessariamente de baixo impacto ambiental. Grande parte do impacto ambiental gerado por um automóvel ocorre durante sua vida útil, e uma ACV do veículo é sempre necessária para estudar quais são os pontos de maior impacto ambiental, a fim de estabelecer as prioridades do projeto. Muitas partes dos automóveis, entretanto, podem ser reutilizadas na fabricação de novos veículos ou recicladas para aproveitamento do material. As estratégias de redução têm como objetivo minimizar o uso de recursos naturais, reduzindo o consumo de matérias-primas ou o consumo de energia ao longo do ciclo de vida do produto. Ou, ainda, reduzindo as emissões do produto que possam ser danosas ao meio ambiente.

Tabela 4-7 Descrição dos Dfx mais utilizados (Graedel e Allemby, 1995)

Df	X	Direcionado para
A	Assembly (montagem)	Facilitar a montagem, evitar erros de montagem, projetar peças multifuncionais, etc.
C	Compliance (conformidade)	Cumprir as normas necessárias para manufatura e uso como, por exemplo, quantidade de substâncias tóxicas ou com biodegradabilidade
E	Environment (ambiente)	Diminuir as emissões e os resíduos do produto desde a fabricação até seu descarte
M	Manufacturability (processabilidade)	Integrar o design do produto com os processos de fabricação, como processamento e montagem
O	Orderability (ordenamento)	Integrar o design no processo de manufatura e distribuição, de forma a satisfazer as expectativas do consumidor
R	Reliability (resistência)	Atender às operação em condições de ambiente agressivo, como meios corrosivos ou de descarga eletrostática
SL	Safety and liability prevention (segurança e prevenção de falhas)	Atender aos padrões de segurança, evitar usos equivocados, prevenção de falhas e de ações legais delas decorrentes
S	Serviceability (utilização)	Facilitar a instalação inicial, o reparo e a modificação em campo ou em uso
T	Testability (testabilidade)	Facilitar testes tanto no processo de fabricação como em campo

Quando não for possível reaproveitar o produto após seu uso, a incineração com recuperação de energia será uma das opções aplicáveis, desde que esgotadas as outras possibilidades economicamente viáveis de reaproveitamento. A contribuição do projeto nessa opção está limitada ao uso de materiais que não liberem poluentes tóxicos durante a queima. Finalmente, a última opção será o descarte do produto em um aterro sanitário, caso em que a contribuição do projetista será especificar o uso de materiais não-tóxicos ou de rápida degradação.

As Tabs. 4-8 e 4-9 mostram, de forma simplificada, algumas ações que podem ser tomadas no sentido de reduzir o uso de materiais e de prolongar a vida útil do produto ou dos materiais nele incorporados.

A Ecologia Industrial visa diminuir a utilização de recursos naturais por meio da desmaterialização, que é a redução relativa da quantidade de material por unidade de produto, e do aumento da circulação de material no sistema antes do descarte final. O PMA pode contribuir nos dois aspectos, através de ações relativamente simples (Tabs. 4-8 e 4-9). Minimizar o uso de materiais nos produtos sem comprometer seu desempenho (de preferência, melhorando-lhes o desempenho) permite produzir com menor custo e aumentar a competitividade dos produtos no mercado. Por exemplo, utilizar fibra óptica em lugar de fios de cobre reduz o volume dos cabos e melhora a transmissão. A simplificação da estrutura e da forma do produto conduz com freqüência à redução no uso de materiais. A simplificação pode ser obtida pela redução ou eliminação de características com funções tãosomente estéticas, desnecessárias ao funcionamento do produto.

Tabela 4-8 Ações para prolongar a vida útil do produto ou dos materiais nele incorporados

Objetivo	Mudança no projeto	Ação
Aumentar a durabilidade	Incentivar mudanças culturais	Incentivar o uso de produtos duráveis
		Incentivar o uso de produtos multifuncionais
	Adiar o descarte do produto	Facilitar substituição de peças
		Facilitar a manutenção

Tabela 4-9 Ações para reduzir o uso de materiais

Objetivo	Mudança no projeto	Ação
Redução do uso de recursos naturais	Desmaterialização	Simplificar a forma Preferir produtos multifuncionais Evitar superdimensionamentos Diminuir volume e/ou massa
	Diminuir uso de água	Modificar processo de fabricação Modificar condições de uso
	Projetar para o reúso	Na mesma função
		Em outras funções
	Projetar para a remanufatura	Projetar para a desmontagem Prever atualizações tecnológicas Projetar intercâmbio das peças
	Projetar para a reciclagem	Projetar para a desmontagem Usar materiais recicláveis Identificar diferentes materiais Agregar valor estético aos materiais reciclados

A fabricação de produtos multifuncionais pode contribuir para redução do número de produtos e, conseqüentemente, para a redução da demanda por materiais e recursos naturais. O produto multifuncional mais utilizado no presente é o computador, que, apesar de apresentar mau desempenho em uma ou mais funções, pode ser utilizado como calculadora, máquina de escrever, aparelho de CD, de vídeogueime, de televisão, de DVD, de rádio, como telefone ou, ainda, como relógio. Produtos desse tipo podem ser desenvolvidos com o objetivo de reduzir o uso de materiais e de recursos naturais.

Uma outra forma de reduzir a demanda sobre os recursos naturais, tendo em consideração o prolongamento do tempo de circulação dos materiais antes do descarte final, é o reaproveitamento do produto ou dos materiais nele incorporados. Projetar para reúso, remanufatura e reciclagem – de preferência nessa ordem – são escolhas que podem ser feitas durante o desenvolvimento do produto. Projetos visando reúso e remanufatura podem garantir que a maioria dos componentes será reutilizada. Nesse caso, como se pretende que o produto e seus componentes mantenham a forma original, uma quantidade mínima de energia será consumida no processo.

O reúso pode resultar no prolongamento da vida útil do produto em sua função original. Exemplo é o reúso de garrafas de vidro para cerveja, que retornam ao fabricante. Ou também o aproveitamento do produto em outras funções, como acontece com as embalagens de vidro na forma de copo, que são utilizadas pelo consumidor no dia-a-dia.

A remanufatura ou reforma de um produto prevê sua desmontagem e separação para posterior utilização das peças e componentes. Essas peças e componentes poderão ser remontados em um novo produto, podendo desempenhar sua função original ou uma nova. Quanto mais complexa for a montagem do produto, maior será o número de etapas para sua desmontagem e, conseqüentemente, mais difícil seu reaproveitamento. Pode-se prever a facilidade de desmontagem no projeto, o que irá evitar o descarte total de um produto composto por vários componentes como opção preferencial.

Grandes indústrias têm utilizado PMAs para criar produtos e processos que facilitem o retorno do produto para a empresa, sua desmontagem para posterior remanufatura e reciclagem (Stocum, 2000; Fiksel et. al., 1996).

Esses PMAs têm como objetivo um produto totalmente reutilizável e/ou reciclável e que não produza resíduos durante o uso. Durante o projeto do produto, devem ser criadas condições que, na fase de manufatura, reduzam a quantidade de resíduos sólidos descartados em aterros. Da mesma forma, o uso de substâncias tóxicas pode ser evitado. A adesão a programas, como o Energy Star, da EPA, ou o brasileiro Procel, leva a uma diminuição de consumo de energia durante o uso do produto, assim como medidas tomadas durante o projeto podem evitar o uso de insumos na fase em que ele se encontra em poder do consumidor. Por exemplo, um veículo pode ser projetado para operar com poucas trocas de óleo ou menor consumo de combustível (Fig. 4-9).

Os programas de retorno de equipamento (takeback), para desmontagem e posterior remanufatura e reciclagem (Fig. 4-10), têm como objetivo o total reúso dos materiais, para atingir descarte zero com o fechamento do ciclo. Nesses programas, em termos do ambiente, considera-se preferível reutilizar praticamente

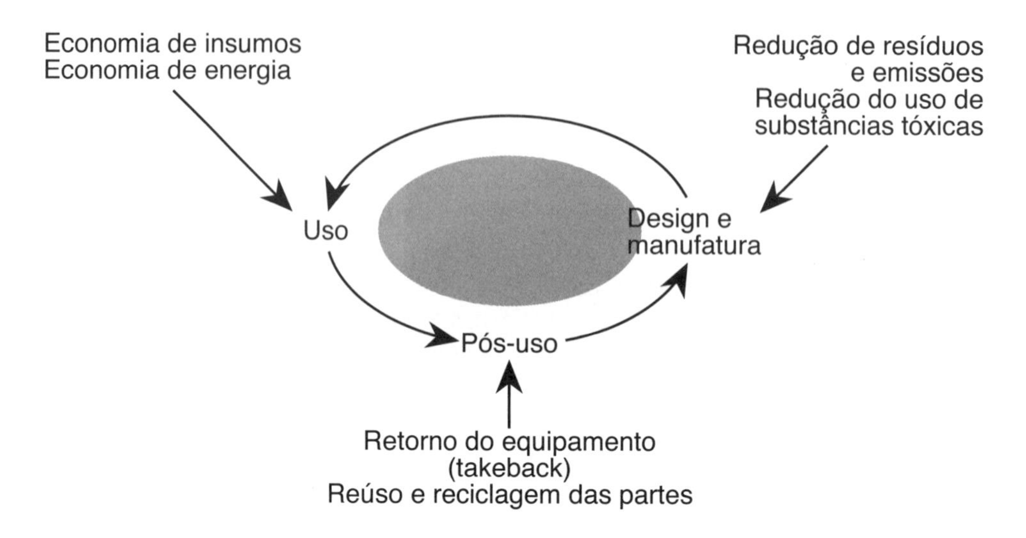

Figura 4-9 Programas de Meio Ambiente (PMA) têm por objetivo produtos integralmente reutilizáveis ou recicláveis, e que não gerem resíduos durante o uso.

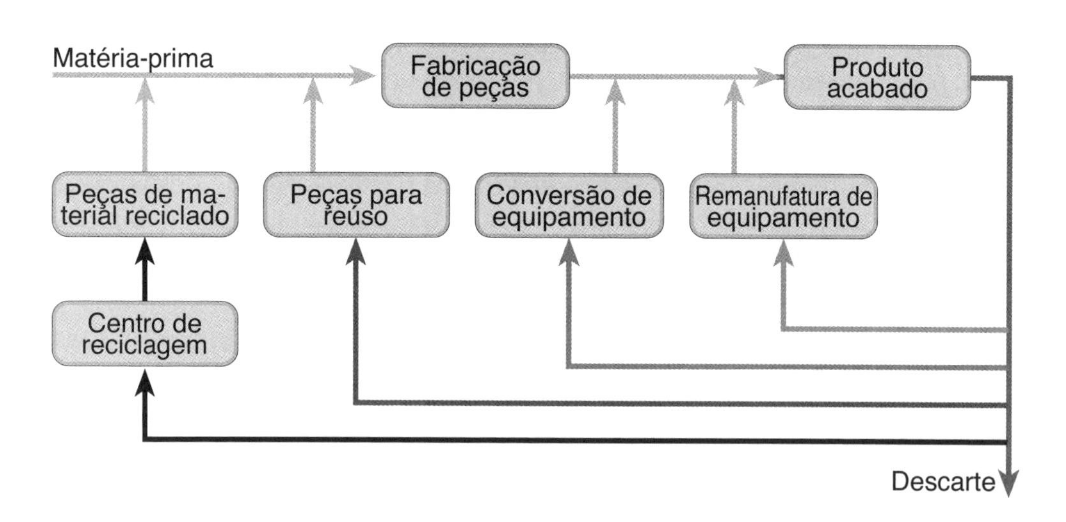

Figura 4-10 Programas de retorno de equipamento (takeback) têm por objetivo materiais de reúso total, de descarte zero.

todo o equipamento ou convertê-lo em novo equipamento com o mínimo possível de intervenções e substituições de partes. Posteriormente considera-se a reutilização de peças para a fabricação de novos equipamentos e, como última opção, a reciclagem de materiais para fabricação de novas peças.

Como estratégia de projeto, a reciclagem busca escolher materiais que possam facilmente ser reinseridos em outros ciclos produtivos, após seu uso em determi-

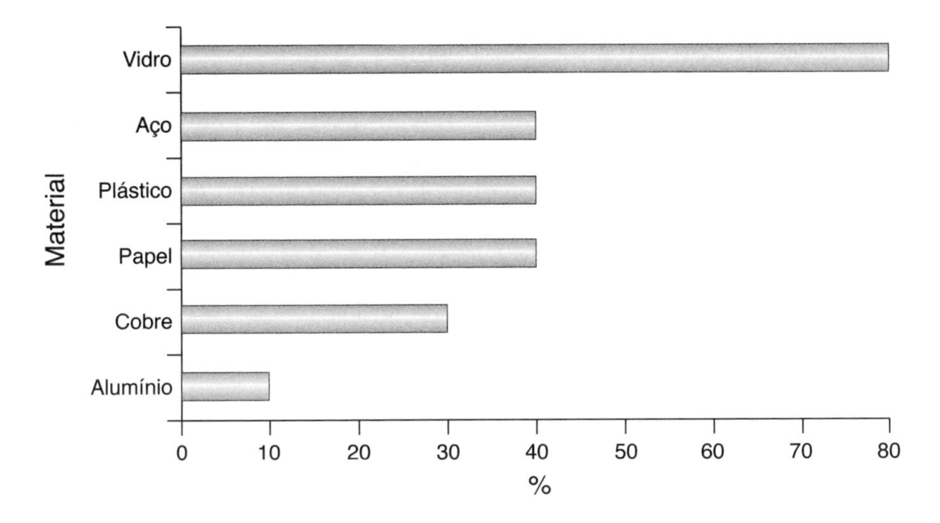

FIGURA 4-11 Impacto ambiental da produção de componentes a partir de reciclados, em relação à produção a partir de materiais virgens (adaptado de: UNEP, 1997).

nado produto. A reciclagem exige a desmontagem dos produtos e a separação, limpeza e transformação dos componentes, sendo que o processo de fabricação de novos componentes a partir do material reciclado requer energia para a transformação e, em alguns casos, a adição de outros materiais. Todos esses fatores devem ser considerados no momento da concepção do produto, juntamente com os custos para a reciclagem. O custo ambiental da reciclagem geralmente é maior que o de reúso ou da remanufatura, porém é menor que o da produção a partir de matérias-primas virgens.

Um exemplo de sucesso da reciclagem é o alumínio. O impacto ambiental da reciclagem do alumínio equivale a 10% do impacto causado pela produção com materiais virgens, já que essa produção envolve a etapa de mineração, que causa enormes danos ao ambiente, e a separação do alumínio, que envolve grande quantidade de energia elétrica (Fig. 4-11). Cabe ressaltar que nem todo material reciclável é necessariamente benéfico ao ambiente, pois sua transformação pode necessitar de grandes quantidades de energia para se obter o desejado nível de pureza, como a separação dos materiais de componentes eletrônicos. Todos esses fatores devem ser considerados no momento da concepção do produto, juntamente com os custos para a reciclagem (Billatos et al., 1997).

Para que a reciclagem e a remanufatura sejam possíveis em produtos formados por muitos componentes, a separação dos materiais é muito importante, para permitir o reúso e para evitar a mistura de materiais incompatíveis. Esse processo pode ser facilitado pela aplicação de símbolos e códigos para identificar cada material. O projetista pode contribuir durante o desenvolvimento do produto inserindo informações claras sobre cada categoria de material utilizado.

A desmontagem do produto é, portanto, de grande importância no processo de recuperação de partes e materiais. O projeto para a desmontagem deve estar vinculado à facilidade de manutenção do produto durante o uso, o que contribui para sua durabilidade. Os componentes devem estar facilmente acessíveis e ser retirados rapidamente para substituição. Assim, evita-se a utilização de componente fixados com cola ou solda, que dificultam a reparação.

O projeto para desmontagem - PPD (*design for disassembly*) leva em consideração os mesmos princípios do projeto para a montagem - PPM (*design for assembly*), só que agora considera a operação (Harjula, 1996). Algumas regras para o PPD são mostradas na Tab. 4-10 (Jovane, 1993).

Tabela 4-10 Regras para o projeto de desmontagem

Benefícios esperados	Princípios de projeto
Fácil desmontagem	Limitar a variação de materiais Agrupar materiais perigosos em submontagens Proporcionar fácil acesso a materiais perigosos, valiosos e reutilizáveis Usar fixadores fáceis de remover ou destruir Diminuir o número de fixadores Usar o mesmo fixador em muitas partes Evitar inserção de metais em partes plásticas Minimizar os tipos de fixador
Configuração do produto	Evitar combinações de materiais corrosivos Proteger as submontagens contra sujeira e corrosão Usar materiais compatíveis
Fácil manuseio	Evitar partes não-rígidas Envolver substâncias tóxicas em unidades seladas Evitar movimentos complexos para desmontagem
Fácil separação	Evitar acabamentos secundários Proporcionar marcas ou diferenças de cores para a separação do material Usar submontagens e partes padronizadas

Um estudo realizado na Universidade Federal de Santa Catarina mostra as etapas e as dificuldades para se desmontar um refrigerador doméstico, pré-requisito importante para a reciclagem de peças e de materiais (Neves, 2002). O refrigerador, após sua vida útil, geralmente é descartado em aterros ou em terrenos. A desmontagem foi efetuada com ferramentas manuais e criada uma escala de dificuldade variando de 1 a 5, sendo: 0, extremamente fácil; 1, muito fácil; 2, fácil; 3, difícil; 4, muito difícil; e 5, extremamente difícil. Alguns dos resultados são mostrados na Tab. 4-11.

Tabela 4-11 Estudo da desmontagem de um refrigerador

Operação	Tempo	Dificuldade	Ferramenta
Remoção das prateleiras e gavetas	51 s	1	-
Remoção da borracha de vedação	50 s	1	-
Remoção dos pés da geladeira	20 s	1	-
Remoção de uma placa inferior frontal	20 s	1	Alicate e chave de fenda
Remoção da parte plástica superior	45 s	2	Chaves de fenda e chave-canhão
Remoção da porta	70 s	2	Chave de fenda e chave-canhão sextavada
Remoção da capa plástica (poliestireno)	350 s	3	Lâmina metálica e chaves de fenda
Remoção dos elementos elétricos internos	280 s	3	Alicate de corte e chave de fenda
Remoção do evaporador e do condensador	300 s	4	Serra manual, alicate de corte e chave de fenda
Remoção do poliuretano da porta	1.700 s	5	Formão, espátula e martelo
Desmontagem do corpo do refrigerador	3.300 s	5	Alicate, formão, martelo, facão e chave de fenda

Algumas operações, como a separação do poliuretano, que serve como isolamento do aço na parte externa da porta, mostraram-se extremamente difíceis de executar e de completar, sendo necessário desenvolver, ainda, uma solução para essa parte da desmontagem. O estudo traz algumas sugestões visando facilitar o processo de desmontagem do produto, tais como: 1) dividir as atividades de desmontagem por tipo (desparafusar, serrar, etc.); 2) separar as partes plásticas, poliestireno e ABS, e agrupá-las conforme identificação; 3) separar o cobre das tubulações para reciclagem; 4) separar parafusos, porcas e outras peças metálicas para reúso ou reciclagem; 5) separar componentes elétricos. As sugestões encontradas nesse estudo levam em consideração o PPD. Entretanto possíveis modificações só poderão ser realizadas após uma análise em todas as etapas de projeto, incluindo o projeto para a manufatura. No caso do poliuretano, a montagem do produto é facilitada pelo fato de ser injetado e se adequar às formas do refrigerador. Qualquer modificação deve levar em consideração que a aderência do polímero às estruturas de aço contribui para a robustez do produto.

Para que um produto se mostre competitivo, seus atributos devem ser compatíveis com os custos. E é importante ressaltar que muitas inovações podem ser tanto econômica como ambientalmente benéficas. A redução no consumo de energia, tanto na fase de fabricação como durante o uso, é um exemplo de benefício, tanto econômico como ambiental. A diminuição no consumo de energia, ao contrário da crença comum – que classifica a preocupação com o meio ambiente como um fator que eleva o custo do produto – atua sinergicamente com outros fatores fundamentais do projeto, como custos e desempenho durante o uso.

Tabela 4-12 Atributos, em relação ao meio ambiente, levados em consideração no projeto de um computador doméstico

Atributo	Projeto para o ambiente
Conservação de energia	Consumo menor, de acordo com o programa Energy Star ou Procel
Desmontagem	Sistemas simplificados que facilitam a desmontagem; minimizar o uso de parafusos e eliminar partes coladas
Separação	As peças de plástico maiores devem ser identificadas para separação; diminuir a quantidade de peças
Reúso	Considerar a reutilização de partes ou módulos na fabricação de outro computador de mesmo modelo ou similar
Reciclabilidade	As peças de metal são recicláveis, sem necessidade de retirada de recobrimentos; o material plástico é reciclável com a utilização de tecnologias já existentes
Upgrade	O projeto modular permite a inserção de placas de expansão e de memória adicional
Componentes tóxicos	Não usar recobrimentos à base de níquel; o plástico das partes externas não deve conter retardadores de chama; e é preciso evitar a necessidade de pintura, para permitir reciclagem direta; contaminantes como mercúrio e berílio devem ser eliminados
Conservação de reservas	Reduzir a massa de material utilizado; empregar material reciclado, especialmente nas partes internas

A Tab. 4-12 relaciona os atributos considerados no projeto de um computador doméstico, focalizando seu desempenho ambiental durante o uso e após seu ciclo de vida (Fiksel et al., 1996). Entre os itens, a conservação de energia – expressa como consumo de energia durante o uso do produto – é um importante indicador ambiental e tornou-se uma destacada ferramenta de marketing (como a logomarca Energy Star, utilizada em computadores, ou o selo Procel, utilizado no Brasil).

Os benefícios da conservação são de fácil compreensão, pois reduz diretamente o custo de operação. De acordo com a EPA, a cada quilowatt-hora de energia não-usada, evita-se a emissão de 680 g de CO_2, 5,8 g de SO_2 e 2,5 g de NO_x, o que resulta na redução de várias toneladas de emissões durante o ciclo de vida de um computador. Entretanto, é preciso ter sempre em mente que um produto eficiente quanto ao consumo de energia não é, necessariamente, um produto amigável ao meio ambiente. Há muitos outros aspectos que devem ser avaliados, incluindo os atributos relacionados na Tab. 4-12.

Tampouco a redução no consumo de energia se limita ao uso do produto. Com o conhecimento de todo o seu ciclo de vida, pode-se diminuir esse consumo em várias etapas pela modificação do processo de fabricação, pelo planejamento da distribuição, de forma a reduzir a energia gasta no transporte, e pela utilização de fontes alternativas de energia, como a solar e a eólica (Bural, 1994).

No Brasil, além de estudos acadêmicos, também têm sido identificadas algumas iniciativas no setor industrial. No setor moveleiro do Rio Grande do Sul, são usadas práticas associadas ao PMA, além de se apontarem alternativas tecnológicas para uma melhor adequação das empresas em termos ambientais. Apesar de essas alternativas ainda não serem exploradas plenamente pelas empresas pesquisadas, a utilização dos conceitos e técnicas de PMA no setor moveleiro busca criar produtos diferenciados, que atendam tanto aos requisitos ambientais como aos econômicos. Entre as iniciativas das indústrias moveleiras gaúchas, podemos citar o uso de madeira certificada, a diminuição dos resíduos gerados, a reciclagem dos resíduos metálicos, principalmente nas empresas que trabalham com o metal, o controle do consumo de energia elétrica com o aproveitamento da iluminação natural e utilização de exaustores eólicos, e o transporte de móveis desmontados, o que minimiza o consumo de combustível (Venske e Nascimento, 2002).

A prática do PMA vem demonstrando que melhorias na performance ambiental podem ser sinérgicas, resultando na diminuição do custo e com melhorias no desempenho funcional, o que leva a um produto diferenciado, de melhor qualidade.

Há ainda muito para avançar no que se refere à tecnologia, e também nas práticas de desenvolvimento de produtos e na conduta da organização. Algumas etapas adicionais podem ser inferidas:

- buscar e criar práticas de desenvolvimento de produto que comprometam os fornecedores de peças e matérias-primas;
- desenvolver normas e medidas padronizadas de desempenho ambiental, para que os projetistas possam determinar objetivos e as medidas necessárias;
- desenvolver avaliações de desempenho e ferramentas para tomadas de decisão;
- identificar requisitos para obtenção de rótulos ecológicos e incorporar esses requisitos ao produto.

Além disso, o PMA deve incluir considerações sistemáticas para o desenvolvimento de produtos e considerar a abrangência do possível impacto por eles causado, Tab. 4-13 (Cooper e Vigon, 1999).

Tabela 4-13 Metas ambientais de acordo com a fronteira do sistema

Sistema	Exemplo de metas ambientais
Empresa	Reduzir ou eliminar o uso de materiais tóxicos, inflamáveis e explosivos durante o ciclo de vida. Reduzir ou eliminar o armazenamento e emissão de materiais perigosos. Alcançar ou exceder as metas regulatórias. Reduzir o consumo de energia durante o ciclo de vida.
Local	Reduzir ou eliminar o uso de produtos químicos relacionados à formação de fumaça, a descarga de produtos ligados à poluição das águas superficiais, a geração de resíduos sólidos, e o uso de óleos durante o ciclo de vida.
Regional	Reduzir ou eliminar processos que envolvam descargas ácidas ou alcalinas, que dispersem metais pesados, que usem combustíveis geradores de óxidos de enxofre e nitrogênio. Melhorar a logística, minimizando a necessidade de transporte.
Global	Reduzir ou eliminar o uso de produtos químicos ligados à degradação da camada de ozônio durante o ciclo de vida. Reduzir ou eliminar a contribuição para as mudanças climáticas. Reduzir ou eliminar o uso de materiais de florestas virgens e regiões protegidas. Maximizar o uso de materiais e energias recuperáveis; reduzir a utilização de materiais escassos e aumentar o uso de energia proveniente de combustíveis não-fósseis.

Indicadores ambientais

O termo "indicador" vem do latim *indicare* e significa destacar, anunciar, tornar público, estimar. Os indicadores transmitem informações que esclarecem inúmeros fenômenos não imediatamente observáveis. São ferramentas de informação que permitem avaliar vários aspectos de um sistema, inclusive impactos ambientais. A grande vantagem dos indicadores é que eles resumem uma situação complexa a um número ou a um selo ou rótulo, os quais podem ser utilizados para comparações ou alinhamento em uma escala. Dessa forma, o uso de indicadores permite avaliações e comparações relativamente rápidas, e é por isso que essa ferramenta vem sendo cada vez mais utilizada para monitorar mudanças em vários sistemas. Indicadores ambientais têm sido desenvolvidos e utilizados por empresas individuais, setores industriais e até por países.

É preciso fazer distinção entre rótulos ambientais e indicadores numéricos. Os *rótulos ambientais* (ou rótulos ecológicos) consistem num selo ou logomarca, cuja concessão se baseia na ACV do produto. Colocados na embalagem do produto, identificam um cuidado com o ambiente dentro de uma categoria específica de produtos. São utilizados principalmente para prestar informações aos consumidores. Já os *indicadores numéricos* podem estar centrados em diversos aspectos do ambiente, dependendo de seu uso. Podem fornecer uma medida da eficiência do processo, como, por exemplo, a eficiência com que recursos naturais e energia são transformados em produtos. Indicadores numéricos podem ser utilizados não só para monitorar mudanças, mas também para apontar ineficiência em rotinas ou processos, avaliar a eficácia de melhorias implantadas, fixar prioridades para futuras providências e informar investidores, de forma rápida e clara. São ferramentas valiosas para empresas em processo de melhoria.

A ISO (International Organization for Standardization) identifica três tipos de indicador voluntário. Os rótulos ecológicos se situam no tipo I, e os indicadores numéricos, no tipo III.

Tipo I: Voluntário, com base em vários critérios, vinculado a programa que autoriza o uso do rótulo em produtos tendo como base a ACV. Conhecido como "selo verde", consiste em um símbolo impresso no rótulo da embalagem; no Brasil, é concedido pela ABNT.

Tipo II: Relatórios públicos ambientais ou autodeclarações que a empresa pode divulgar no rótulo da embalagem ou em seu material de divulgação e que fazem referência ao desempenho ambiental do produto. Por exemplo: "reciclável" ou "não-tóxico".

Tipo III: Programas voluntários que fornecem dados quantitativos sobre o desempenho ambiental de determinado produto, com base em categorias pré-selecionadas de parâmetros. Tende a ter melhor aplicação na melhoria de processos e nas relações comerciais entre empresas do que na divulgação ao público em geral.

Rótulo ecológico

É a certificação de produtos que apresentam menor impacto no meio ambiente em relação a outros disponíveis no mercado e comparáveis entre si. Os rótulos ecológicos visam encorajar a demanda por produtos e serviços que causem menos dano ao meio ambiente. São certificações obtidas voluntariamente, atestando o desempenho ambiental de um produto, com base na avaliação de seu ciclo de vida. O selo, que pode ser utilizado por um produto ou serviço, indica que, em determinada categoria de produtos ou serviços, aquele que obtém a certificação é amigável ao meio ambiente.

As empresas reconhecem que a preocupação com o ambiente pode se transformar em uma vantagem de mercado e há rótulos ecológicos em todo o mundo. A Fig. 4-12 mostra alguns desses rótulos.

O selo dos países da Comunidade Européia (EC), o European Ecolabel (Fig. 4-13), foi o primeiro com alcance regional, instituído em março de 1992. A concessão feita por um país-membro valerá para todos os outros países da comunidade européia. O rótulo tem por objetivo:

FIGURA 4-12 Rótulos ambientais utilizados por várias nações e localidades: Canadá (1), Austrália (2), Croácia (3), República Checa (4), países nórdicos (5), Hong Kong (6), Hungria (7), Espanha (8), Japão (9), Taiwan (10) e (11) Índia (11).

> "promover o design, produção, marketing e uso de produtos que tenham um reduzido impacto ambiental durante seu completo ciclo de vida, e fornecer aos consumidores as melhores informações sobre impactos ambientais de produtos."

O programa exclui de seu esquema alimentos, bebidas e produtos farmacêuticos, e o processo de concessão tem início no país-membro da comunidade em que o produto foi fabricado ou, pela primeira vez, comercializado ou importado de um país não-membro.

Talvez por abranger vários países, que, naturalmente, poderiam tentar privilegiar seus próprios fabricantes, a Comunidade Européia envolve muitas partes em sua estrutura:

- a EC Commission, composta por dezessete representantes, o órgão central na condução de todo o processo. Além de decidir que categorias de produto serão consideradas, determina qual país-membro se tornará responsável pela ACV;

FIGURA 4-13 O *Europe Ecolabel*, selo da Comunidade Européia.

Figura 4-14 O *Blue Angel*, lançado em 1977, na antiga República Federal Alemã. O selo é propriedade do Ministério do Meio Ambiente, Conservação da Natureza e Segurança Nuclear.

- o Consultation Forum, composto pelos principais grupos interessados: indústria, comércio, consumidores e ambientalistas; é consultado quanto à submissão dos critérios ao Regulatory Committee;
- o Regulatory Committee of Member States, que responde pela aprovação final.

Participam ainda os Competent Bodies, que, definidos pelos países-membros, são responsáveis pela ACV das categorias de produto. No caso de rejeição do selo, os critérios são julgados pelo Council of Ministers, o mais importante órgão legislador da Comunidade Européia.

Entre os rótulos mais conhecidos, podemos citar o *Blue Angel* (Fig. 4-14), de iniciativa do Ministério do Interior da antiga República Federal Alemã e lançado em 1977. Enfrentando resistências iniciais, principalmente por parte dos fabricantes, em 1984 o selo já estava presente em mais de quinhentos produtos de 33 diferentes categorias. Em 1993, sua aceitação já era evidente, marcando mais de 3.500 produtos em 75 categorias (EPA, 1993).

O *Blue Angel* aplica a matriz de ACV, nas fases iniciais do processo de concessão da logomarca. Para a autorização do selo, que é propriedade do Ministério do Meio Ambiente, Conservação da Natureza e Segurança Nuclear, há participação de três instituições:

- do Júri do Selo Ambiental, formado por representantes de cidadãos, ambientalistas, indústria e sindicatos; o Júri detém a decisão final e a autoridade para requerer junto à Agência Federal do Meio Ambiente a realização de exames e testes em grupos de produtos;
- do Instituto Alemão de Qualidade e Rotulagem, uma organização não-governamental, sem fins lucrativos, que responde pela organização e condução dos trabalhos de determinação de parâmetros para as categorias de produtos; e
- da Agência Federal do Meio Ambiente, instância governamental encar-

Figura 4-15 O norte-americano *Green Seal*. Criado em 1989 por uma organização independente, identifica produtos ambientalmente amigáveis nos Estados Unidos.

regada da proteção ambiental, responsável pela aprovação de uma nova proposta de selo, pelos testes necessários e pelo esboço dos critérios de concessão da logomarca.

As categorias de produto podem ser propostas por qualquer interessado. Na prática, as solicitações originam-se de fabricantes ou importadores interessados em estampar o *Blue Angel* em seus produtos. Após uma revisão, realizam-se testes multicriteriosos do impacto ambiental do produto, considerando todo o seu ciclo de vida: extração de matéria-prima, fabricação, distribuição, uso e descarte final. Determina-se o mais importante impacto ambiental dessa categoria de produto e esboça-se um critério para concessão da logomarca, o qual será submetido à crítica de especialistas.

Os especialistas são originários de consumidores, ambientalistas, fabricantes e sindicatos, e a crítica enviada para revisão poderá ser aceita, rejeitada ou alterada, sempre com base em voto majoritário (EPA, 1993). O número dos grupos de produtos rotulados pelo *Blue Angel* é extenso, chegando quase a uma centena. Desde papel reciclado, embalagens de transporte reutilizáveis, válvulas hidráulicas, máquinas de baixo nível de ruído para a construção civil, até sistemas para coleta de energia solar, todos com seus critérios de rotulagem estabelecidos.

Outro selo amplamente reconhecido é o norte-americano *Green Seal* (Fig. 4-15). Estabelecido em 1989 por uma organização independente e sem fins lucrativos, tem como objetivo fixar parâmetros ambientais para produtos, rotulá-los, e promover a educação ambiental nos Estados Unidos. O Green Seal tem a finalidade de identificar produtos ambientalmente amigáveis, encorajando os consumidores à compra desses produtos.

Assim como o *Blue Angel*, o selo norte-americano faz uma adaptação simplificada da ACV e efetua, para cada produto, uma avaliação de impacto ambiental dirigida aos impactos mais significativos, cobrindo todo o ciclo de vida do produto. Antes de sua oficialização, os critérios para uma categoria de produto serão comentados por fabricantes, associações comerciais, ambientalistas, governo, asso-

Figura 4-16 No Brasil, a certificação ambiental está a cargo da ABNT, e seu rótulo estampa a figura de um beija-flor.

ciações de consumidores ou qualquer interessado em seu desenvolvimento. Para eventuais discordâncias quanto a julgamentos técnicos do *Green Seal*, existe um Conselho de Parâmetros Ambientais, composto por cientistas independentes, acadêmicos e outros especialistas.

É intenção do programa de rotulagem *Green Seal* rever os parâmetros de categorias de produtos a cada três anos, de forma a manter-se atualizado com os avanços tecnológicos e encorajar a melhoria ambiental contínua (EPA, 1993). Depois de passar pelos testes requeridos pelo *Green Seal* e atender a todas as normas aplicáveis de segurança e desempenho e à legislação ambiental, o fabricante terá o direito de usar a logomarca em seu produto ou propaganda específica, mediante o pagamento de uma taxa anual de monitoramento.

No Brasil, em 2004, o programa de rotulagem ecológica se encontrava em fase de implantação, sendo coordenado pela Associação Brasileira de Normas Técnicas (ABNT). O programa destina-se a informar os consumidores sobre os produtos menos agressivos ao meio ambiente, disponíveis no mercado, e incentivar os produtores a desenvolver tais produtos. É um rótulo ecológico, que tem por símbolo o colibri (Fig. 4-16) e que segue os princípios da ISO 14000.

A Comissão de Certificação Ambiental (CBA) é o órgão da ABNT responsável pela identificação de prioridades, proposição de políticas e definição dos níveis de certificação, bem como pela aprovação dos procedimentos dos Comitês Técnicos de Certificação Ambiental (CTC). Os fluxogramas da Fig. 4-17 mostram as etapas para certificação de um produto (ABNT, 2004). Primeiramente, são propostos produtos e, para que o programa de certificação tenha início, é necessário estabelecer os critérios para avaliar o produto ou a categoria de produtos (Fig. 4-17).

Após a aprovação dos critérios pela Comissão de Certificação Ambiental, produtores de uma determinada categoria podem solicitar a avaliação de seus produtos para rotulagem. A logomarga é condedida, depois de vencidas as etapas vistas na Fig. 4-17. A ABNT indica como objetivos específicos do programa de certificação ambiental:

- proteger o meio ambiente;

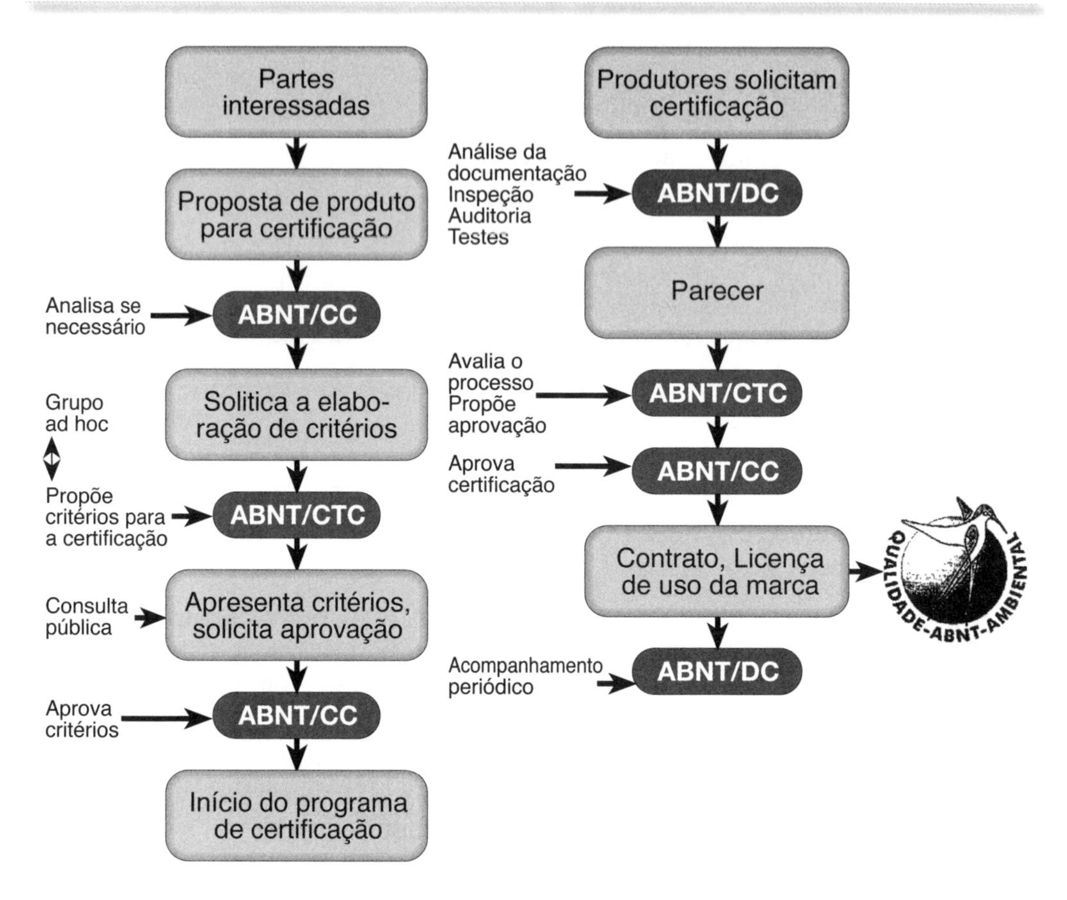

Figura 4-17 Etapas para certificação de um produto no Brasil e para obtenção da logomarca, após a certificação do produto.

- desenvolver a competitividade das empresas brasileiras;
- proporcionar aos consumidores um instrumento de informação para exercer seu poder de compra;
- promover a inserção dos produtos e serviços brasileiros nos mercados internacionais;
- coordenar e articular as iniciativas brasileiras de rotulagem ambiental.

O programa de certificação ambiental brasileiro utiliza a norma ISO 14024, que estabelece quinze princípios e práticas para a rotulagem ecológica, enumerados a seguir:

1. Os programas de rótulos ecológicos deverão ser voluntários na sua natureza e implementação.

2. Somente serão considerados produtos que atendam às regulamentações ambientais aplicáveis; deve ser observada a ISO 14020 (princípios gerais de rotulagem e declarações ambientais).

3. A ACV do produto deverá ser considerada no estabelecimento de requerimentos para o rótulo, já que o objetivo é de redução de impactos ambientais e não sua transferência para outro estágio da vida do produto.
4. Os critérios ambientais para o produto deverão ser estabelecidos, de forma a diferenciá-lo de outros em sua categoria, quando as diferenças forem significativas.
5. Critérios ambientais do produto: (i) os critérios para o rótulo devem ter parâmetros originados na avaliação do ciclo de vida; (ii) deverão ser fixados de forma a ser atingíveis, considerando-se os impactos ambientais relativos; (iii) deverão ser fixados para um período predefinido; (iv) deverão ser revisados num período predefinido, considerando-se novas tecnologias, novos produtos, novas informações ambientais e mudanças de mercado.
6. No desenvolvimento do programa de rotulagem, a conveniência do propósito do produto deverá ser considerada em relação às suas características funcionais.
7. O processo de seleção de categorias de produtos, critérios ambientais de produtos e características funcionais de produtos deverá ser aberto à participação dos diferentes grupos de interesse.
8. Os programas de rotulagem devem poder demonstrar transparência em todos os estágios de desenvolvimento e operação.
9. Os programas de rotulagem não deverão criar barreiras comerciais desnecessárias.
10. Todos os elementos de critérios ambientais e características funcionais do produto, do programa de rotulagem, devem ser verificados pelo órgão responsável pelo programa. Os métodos de verificação deverão recorrer preferencialmente a: (i) normas ISO; (ii) outras normas internacionalmente reconhecidas; (iii) métodos reprodutíveis que sigam princípios de boa prática laboratorial.
11. A submissão e a participação nos programas de rotulagem ambiental devem estar abertas a todos os potenciais participantes. Todos os requerentes, que atendam aos critérios para uma dada categoria de produtos, deverão estar aptos a receber o selo.
12. Os critérios ambientais do produto devem ser capazes de demonstrar que o seu cumprimento atinge o objetivo de redução de impacto ambiental.
13. Programas de rotulagem devem estar aptos a demonstrar que suas fontes de recurso não criam conflito de interesse.
14. Custos e taxas devem ser mínimos e relativos a todos os custos do programa, de forma a facilitar o acesso aos solicitantes.
15. O sigilo de todas as informações recebidas de solicitantes da rotulagem deve estar garantido.

O rótulo ambiental é um instrumento de educação em direção à mudança para hábitos de consumo mais positivos do ponto de vista ambiental. Tem, portanto, a finalidade de indicar ao consumidor a melhor opção, quanto ao impacto ambiental de um produto em relação a outros com a mesma função. Possibilita a incorporação dos aspectos ambientais no dia-a-dia dos cidadãos e evidencia a sua capacidade de interferência. Indiretamente, pode levar os consumidores a questionar os altos níveis de consumo, mesmo de produtos ambientalmente certificados. O rótulo ecológico voluntário pode representar uma forma eficaz de se obter um ganho ambiental, atuando diretamente na mudança de hábitos de consumidores e produtores.

Como o rótulo busca alterar hábitos de consumo, a discussão de sua eficácia pode ser dividida em duas perspectivas: do consumidor e do produtor. As atitudes de um fabricante frente aos programas de rotulagem ambiental podem ser de indiferença, de reação pressionada pela possível perda de mercado e de antecipação na busca da certificação pelos consumidores. Polonsky (1994) cita o caso do McDonald's, que substituiu suas embalagens de sanduíche em poliestireno por papel. A decisão não resistiu a ACVs posteriores, que demonstraram ser o poliestireno menos danoso ao meio ambiente.

A postura dos consumidores frente à questão de produtos menos danosos ao meio ambiente parece estar fortemente vinculada à renda. De acordo com estudos do Banco Mundial, os consumidores que buscam informações relativas ao que consomem são, em sua maioria, pessoas com elevada renda, alto nível de educação e geralmente envolvidas com profissões liberais ou administrativas.

Críticas aos rótulos ambientais

Considerados uma ferramenta positiva, porém branda, para promover uma mudança nos padrões de produção, pretende-se que os rótulos demonstrem a superioridade ambiental de alguns produtos sobre outros, tornando-se fator de diferenciação na busca do lucro, podendo propiciar o crescente consumo ambientalmente amigável. A rápida proliferação de rótulos pode criar barreiras comerciais, intencionais ou não, principalmente para países em desenvolvimento, e que acabem trazendo um saldo negativo para a questão ambiental.

Há dificuldade em se medir o alcance de um programa de rotulagem ambiental. Uma forma de medir a eficácia de um programa é verificando se os rótulos atingem seus declarados objetivos, que são (EPA, 1993):

- prevenir contra informação ambiental falsa;
- educar e aumentar a consciência ambiental do consumidor;
- proporcionar aos fabricantes um incentivo, com base no mercado, para que desenvolvam novos produtos e processos menos danosos ao meio ambiente;
- resultar em mudanças no mercado que tragam menos impactos ambientais decorrentes do consumo de produtos.

Outra crítica à rotulagem é que ela não leva em consideração a utilidade dos produtos. Isso permite, por exemplo, que produtos supérfluos sejam classificados como ecológicos. Produtos que pertencem a uma categoria só podem ser comparados com similares, o que impede sua confrontação com produtos alternativos, que talvez fossem mais amigáveis ao meio ambiente. Nesses casos, o Canadá se abstém de rotular (Ventere, 1995).

Pode-se ainda criticar a falta de uma graduação para a maioria dos programas de rotulagem ecológica. O produto é aceito ou não. Uma graduação indicando em que proporção o produto atende ou não a um requisito ambiental poderia ajudar o comprador a estabelecer comparações entre produtos da mesma categoria.

Apesar das críticas, o rótulo ecológico é um instrumento que, se bem utilizado, pode alterar hábitos de consumidores e fabricantes no sentido de incorporar conceitos ambientais de ciclo de vida do produto. É um incentivo mercadológico para o desenvolvimento comercial de produtos que contemplam, em sua concepção, os aspectos ambientais.

Indicadores numéricos

O uso de indicadores numéricos facilita o processo produtivo de uma organização, podendo fornecer uma medida de sua eficiência, monitorar mudanças pelo acompanhamento da evolução de determinados parâmetros, indicar ineficiência em rotinas ou processos, avaliar a eficiência de melhorias implantadas, auxiliar a fixar prioridades para providências futuras e informar investidores de forma simples.

Os indicadores numéricos ambientais são guias que permitem a quantificação da qualidade ambiental do processo produtivo de uma empresa em determinado intervalo de tempo. Esses indicadores devem ser continuamente monitorados pela empresa, para garantir, com produtos amigáveis ao ambiente, sua permanência e competitividade no mercado.

Os indicadores ambientais refletem resultados do processo produtivo da empresa e de seu sistema de gerenciamento ambiental, ocupando um nível estratégico no sistema de avaliação da qualidade ambiental. Podem ser utilizados para divulgar a qualidade do processo produtivo e os resultados ambientais da empresa. São parâmetros que proporcionam informações e indicam tendências das condições do processo produtivo que permitem visualizar a eficiência do desempenho ambiental (INE, 1997).

Alguns autores classificam os indicadores ambientais por tipo. Na Tab. 4-14 estão relacionados alguns tipos de indicadores (Kuhre, 1998 e Reis, 1996).

A ISO/FDIS 14031 descreve duas categorias gerais de indicadores: os de *desempenho* ambiental e os de *condições* ambientais.

Tabela 4-14 Classificação de indicadores ambientais por tipo

Indicadores absolutos	Informam os dados básicos sem análise ou interpretação; por exemplo, quilogramas de resíduos gerados, ou volume de emissões.
Indicadores relativos	Comparam os dados com outros parâmetros; por exemplo, quilogramas de resíduo por toneladas de produto.
Indicadores agregados	Agregam dados ou informações do mesmo tipo, mas de fontes diferentes. São descritos como um valor combinado; por exemplo, quilogramas de resíduos tóxicos gerados por país ou região.
Indicadores ponderados	Mostram a importância relativa de um indicador em relação a outro indicador.

Indicadores de desempenho ambiental

Como o próprio nome indica, fornecem informações sobre o desempenho ambiental de uma empresa, seja este de *gerenciamento* ou *operacional*.

Os indicadores de desempenho de gerenciamento informam sobre a capacidade da empresa e sobre os resultados do gerenciamento que trata de treinamento, exigências legais, distribuição e utilização eficiente dos recursos, gerenciamento de custo ambiental, documentação, investimento em desenvolvimento de produtos, ou ação corretiva, enfim tudo o que tem ou pode ter influência no desempenho ambiental da organização. Esses indicadores devem ajudar a avaliar os esforços de gerenciamento, de decisões e ações para melhorar o desempenho ambiental.

Pode-se tomar como exemplos de indicadores de desempenho do gerenciamento aqueles usados para localizar: a implementação e efetivação de vários programas de gerenciamento ambiental; ações do gerenciamento que influenciam o desempenho ambiental das operações, da organização e, possivelmente, as condições ambientais; esforços de importância particular para fazer prosperar o gerenciamento ambiental da organização; cumprimento das exigências legais das leis ambientais em conformidade com outras exigências para as quais a organização se subscreve; custos financeiros ou benefícios. Além disso, os indicadores de desempenho do gerenciamento podem ajudar: a predizer as tendências de mudanças no desempenho; identificar causas de o desempenho atual não estar em acordo com os critérios de desempenho ambiental desejados; identificar oportunidades para a ação preventiva.

Os indicadores de desempenho *operacional* devem fornecer informações sobre o desempenho ambiental das operações da empresa. Tratam principalmente de atividades operacionais técnicas, como operação de equipamentos, uso de edifícios, descargas, e o uso de produtos e serviços (Kuhre, 1998). Esses indicadores relacionam: a entrada de materiais (processados, reciclados, reusados ou matérias-primas), recursos naturais, energia e serviços; o projeto, instalação, operação (incluindo operações de pouca freqüência e eventos de emergência), manutenção das instalações físicas e equipamentos da organização; fabricação de produtos (produto principal, subproduto, reciclado e material reusado), serviços, resíduos (sólidos, líquidos perigosos e não-perigosos, recicláveis, reutilizáveis), emissões (atmosféricas, efluentes para corpos d`agua e solos, ruídos, vibrações, térmicas, radiações, luz). Ou seja, lidam com os resultados das operações da empresa. São estabelecidos de forma a permitir a adequada mensuração dos níveis de desempenho em relação aos parâmetros adotados.

Indicadores de condições ambientais

Esses indicadores informam sobre as condições locais e medem as mudanças e os impactos no ambiente que podem variar com o tempo ou por causa de a eventos específicos. Podem, também, fornecer informações úteis sobre as relações entre as condições do ambiente e as atividades, produtos e serviços de uma organização. Esses indicadores proporcionam a possibilidade de identificar e gerenciar as próprias emissões; avaliar seus critérios de desempenho ambiental; selecionar indicadores de desempenho do gerenciamento e indicadores de desempenho operacional; estabelecer um padrão de medida para os impactos ambientais de suas atividades, determinar as mudanças ambientais em função do tempo, com relação ao programa de gerenciamento ambiental adotado, investigar as possíveis relações entre condição ambiental e atividades, produtos e serviços da organização.

O processo de avaliação e medição dos impactos ambientais é complexo, e as interações do ambiente com as emissões do processo são de difícil identificação e dependentes do local específico em que o processo está localizado. Por exemplo, se a empresa é a única a eliminar uma substância na atmosfera, torna-se possível verificar as alterações resultantes da emissão. Essa informação acumulada será útil para tomadas de decisão com relação à emissão de tal substância. No entanto, a presença de outras empresas emitindo várias outras substâncias pode inviabilizar a análise.

Os indicadores de condições ambientais são, portanto, limitados, quando se consideram efeitos regionais ou globais. Um índice de desempenho nessa categoria será de interpretação controversa, pois os aspectos e efeitos ambientais de uma determinada atividade englobam muitas variáveis, cujas interações com outras atividades determinam mudanças no resultado final da avaliação.

5
A ECOLOGIA INDUSTRIAL NA PRÁTICA

"Além da interação entre empresas, o reaproveitamento de material e energia também favorece a sociedade local."

Kalundborg

O exemplo clássico e mais conhecido da Ecologia Industrial é o parque industrial de Kalundborg, na Dinamarca. As empresas que compõem o parque são altamente integradas (Fig. 5-1), e utilizando resíduos umas das outras como fonte de energia e de matéria-prima para outras. Esse processo simbiótico não resultou de um planejamento, mas de um gradual desenvolvimento de cooperação entre as empresas da região e a cidade de Kalundborg. E essa cooperação resultou na viabilidade de algumas das empresas, devido à presença de outras, levando em consideração a demanda da sociedade local.

Os participantes vão desde grandes empresas, como a Asnæsværket e a Refinaria Statoil – as maiores do país –. A Novo Nordisk é uma indústria de biotecnologia com 45% do mercado mundial de insulina e 50% do de enzimas. Já a Gyproc, fabricante de divisórias, é uma empresa de porte médio que emprega 175 trabalhadores. Além da interação entre empresas, o reaproveitamento de material e energia também favorece a sociedade local. O lodo gerado no tratamento de efluentes é utilizado como fertilizante pelas fazendas das vizinhanças e na criação de peixes. As cinzas geradas pela termoelétrica entram na pavimentação de estradas; e os fluxos de calor são utilizados para manutenção de estufas e para o aquecimento da cidade.

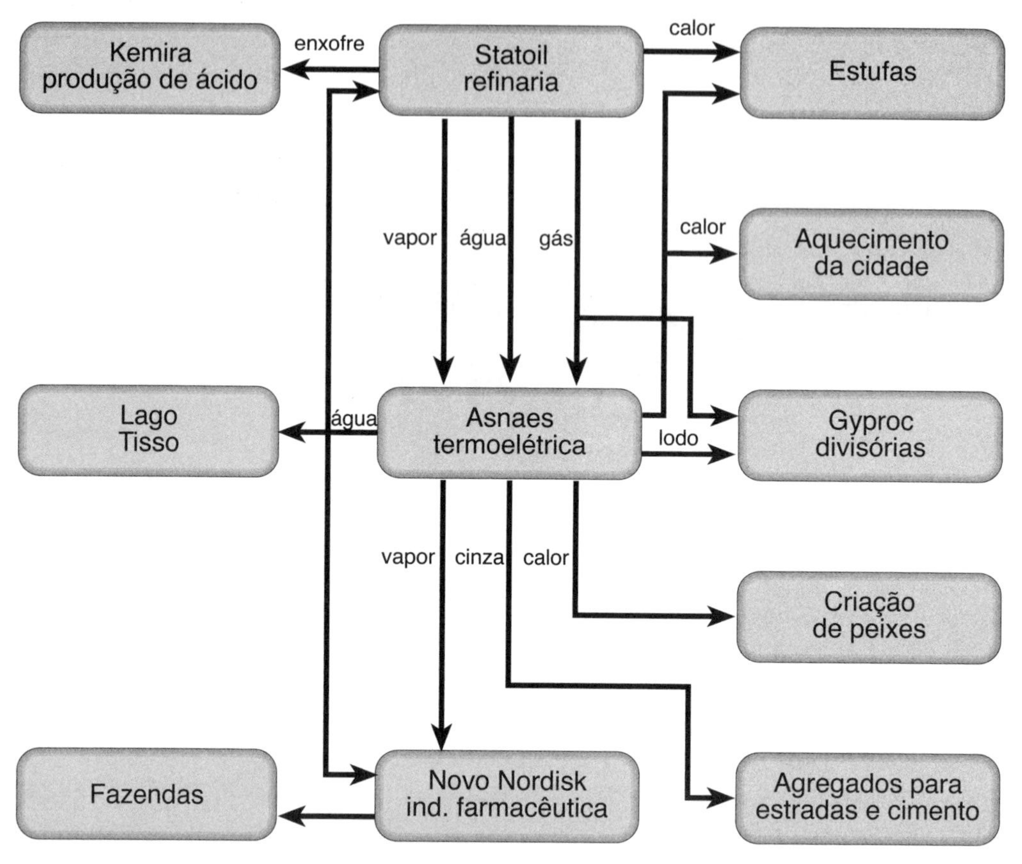

FIGURA 5-1 A elevada integração do parque industrial de Kalundborg, na Dinamarca.

As lições de Kalundborg

Um arranjo industrial integrado como o de Kalundborg tem algumas características:

- as empresas participantes são diferentes, apesar de compartilharem fluxos;
- há um acordo comercial entre as empresas;
- os benefícios ecológicos são acompanhados de benefícios econômicos;
- a cooperação é voluntária, apesar da participação das autoridades municipais;
- as empresas participantes estão fisicamente próximas.

Como resultados mais significativos dessa cooperação temos: redução do consumo de energia, redução das emissões de dióxido de carbono (CO_2) e de enxofre (SO_2), redução do volume de efluentes líquidos e reaproveitamento de resíduos tradicionais, como enxofre, cinzas e lodo. Entretanto, a contribuição mais importante de Kalundborg é a demonstração de que esse tipo de arranjo pode ser aplicado também a outros setores, com resultados igualmente benéficos, tanto para as empresas como para o ambiente.

A Ecologia Industrial visa reduzir a demanda por matérias-primas, água e energia e a devolução de resíduos à natureza, por meio da integração de processos ou indústrias, de tal forma que resíduos ou subprodutos de um processo possam servir como matéria-prima a outro. A observação dos conceitos de Ecologia Industrial leva ao exame integrado das interações entre indústria e meio ambiente. O sistema industrial é considerado produtor, tanto de produtos como de resíduos. Com essa abordagem, os limites de uma empresa se estendem até o meio ambiente, exigindo que produtos e resíduos sejam desenvolvidos e compartilhados por diferentes empresas. Um dos aspectos críticos desse novo conceito é, portanto, a implementação de uma efetiva cooperação entre as empresas.

Considera-se que, por mais que os processos de combate à poluição se aperfeiçoem, sempre haverá necessidade de matérias-primas e sempre haverá geração de resíduos ou subprodutos. A integração adequada de diferentes empresas, de forma que resíduos e subprodutos gerados sirvam de matérias-primas para outras empresas, reduziria a devolução de materiais à natureza. Da mesma forma, a utilização de resíduos como matéria-prima reduziria a demanda por novos recursos naturais.

Ainda que preconize a redução de resíduos ao longo dos processos, a Ecologia Industrial considera que pode ser admitida e mesmo que até seja útil – a geração de algum resíduo ou subproduto em determinado processo, se ele servir como matéria-prima para a empresa seguinte da cadeia, contribuindo, assim, para a manutenção de um fluxo inserido no ciclo. Em certos casos, na ausência de uma alternativa de produção mais limpa, pode-se mesmo considerar o incremento na produção de determinado resíduo, se isso possibilitar a transformação do resíduo em um subproduto comercializável (Erkman, 1997).

Uma empresa pode fornecer seus resíduos ou subprodutos para uma ou mais indústrias. Além da complexidade específica de cada unidade, a interação entre as unidades e a maior troca de material e energia devem resultar num efeito de cancelamento mútuo, que será responsável pelo aumento da estabilidade do agregado como um todo, bem como pela diminuição das oscilações do sistema em relação ao ambiente.

Dessa forma, o sistema global, ou seja, o agregado, que é resultado de várias contribuições menores, causará, como um todo, menor impacto ambiental do que aquele resultante da soma dos impactos das unidades individualmente. Sob essa óptica, o estudo do agregado pode ter início em qualquer ponto do sistema, considerando-se sempre as unidades subjacentes. Analisando as empresas individualmente como subsistemas do agregado, observa-se que os limites de cada uma aumentam, passam pelo ambiente, pelos serviços necessários para seu funcionamento e requerem, a partir desse momento, que o desenvolvimento de produtos seja feito com a colaboração das outras empresas que fazem parte do agregado. O objetivo da Ecologia Industrial, nesse contexto, é estabelecer o total uso/reúso de reservas, para que o sistema não descarte nenhum resíduo – ou seja, emissão zero. Nesse momento, surge o aspecto mais crítico da Ecologia Industrial: a necessidade de cooperação entre as empresas, pela troca de material, energia e, principalmente, informação.

Integração da indústria alcooleira

No Brasil, a produção de álcool combustível também pode ser direcionada para a minimização no uso de reservas, ainda que renováveis, e a minimização do impacto no meio ambiente. Um projeto inovador, denominado Muais (Miniusinas de Álcool Integradas), propõe a integração total da produção do álcool com outras empresas (Fapesp, 2002a). As Muais são estabelecimentos de porte médio que têm como objetivo principal a produção do álcool combustível. Entretanto, são projetadas para produzir, além do álcool, hortifrutícolas, levedura seca usada em rações, energia e criação de gado, Fig. 5-2.

Nas Muais, a tradicional lavoura de cana é associada ao sorgo sacarino, o que permite elevar para doze meses o tempo de trabalho anual da miniusina, que, se dependesse somente da cana-de-açúcar, funcionaria oito meses por ano. Cada miniusina deve produzir 40 mil litros de álcool por dia, 3.630 toneladas por ano de produtos agrícolas relacionados ao sorgo e 1.130 toneladas anuais de levedura desidratada. O vinhoto, biodigerido, transforma-se em biofertilizante e biogás. Com os ponteiros da cana e do sorgo, pode-se alimentar 2.800 cabeças de gado. O bagaço da palha seca e o biogás são queimados para produção de energia elétrica. Além dessas vantagens, a instalação de miniusinas permite economizar com a importação de petróleo, gerar empregos, impostos, além de trazer, também, benefício ambiental pela substituição de um combustível fóssil por outro gerado de matéria-prima renovável, retirando da atmosfera milhões de toneladas de gás carbônico (CO_2), durante o crescimento da cana e do sorgo.

A levedura seca pode ser usada na ração de animais, porém tem pouco valor nutricional. O melhor aproveitamento desse resíduo começou a ser implementado em 1998, pela Cooperativa dos Produtores de Cana, Açúcar e Álcool do Estado de São Paulo (Copersucar), pelo Instituto de Tecnologia de Alimentos (ITAL), em projeto financiado pela Fapesp (2002b). Os resultados do projeto mostraram que a levedura não apenas pode ser utilizada de forma mais eficaz na ração animal, como também se tornar uma boa alternativa para alimentação humana. Da levedura seca foi possível separar quatro substâncias: autolisado, extrato, parede celular e concentrado protéico. Todos esses subprodutos possuem proteínas que podem ser adicionadas a produtos alimentícios. A parede celular, em pó, pode ser usada como espessante para sopas ou misturada a farinhas de trigo ou milho. O

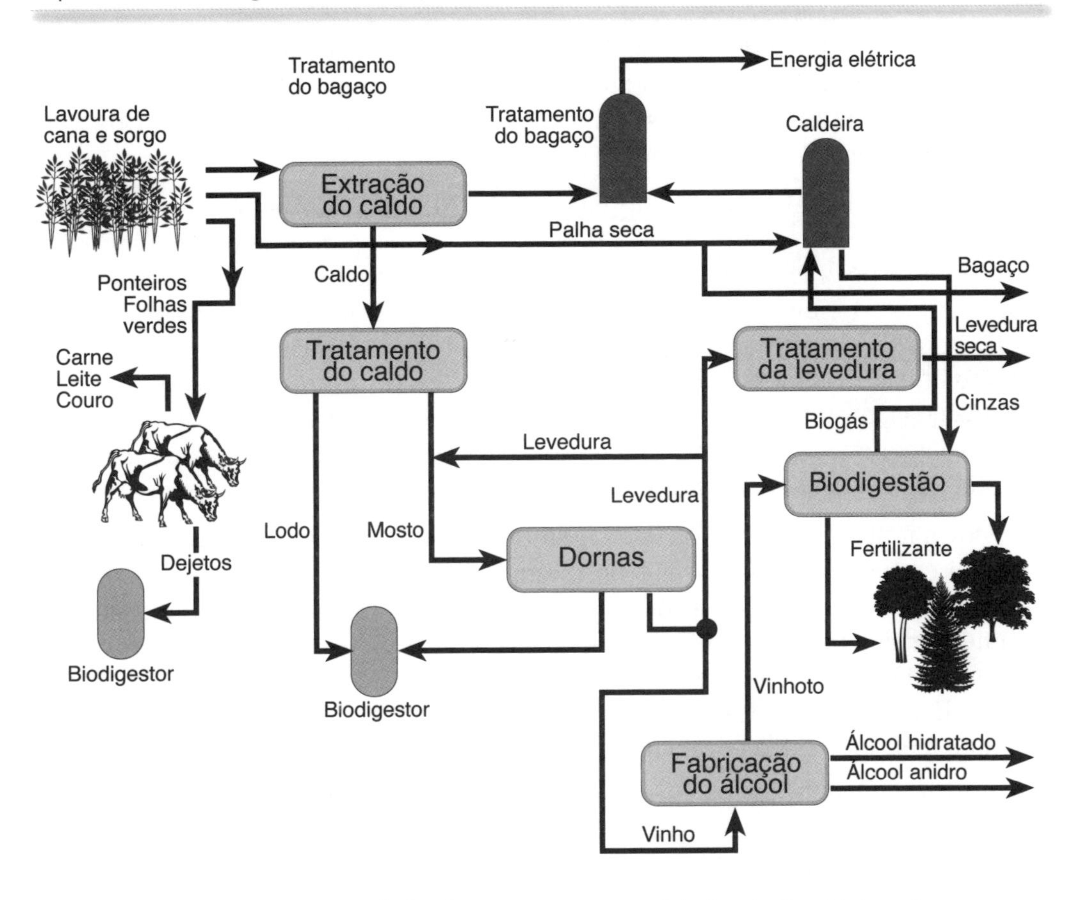

Figura 5-2 Esquema de funcionamento de uma miniusina de álcool integrada.

extrato protéico pode ser adicionado a vários alimentos durante a fabricação ou na forma de tempero, acrescentando valor nutritivo a eles.

Observa-se, no exemplo retirado da indústria alcooleira, que a utilização e a troca de resíduos permitem não só diminuir o impacto ambiental, mas também agregar valor a eles, tornando-os subprodutos vendáveis.

Integração entre mineradoras e curtumes

Outro exemplo de indústria que gera grande quantidade de resíduos é a mineração. A extração de um metal a partir de um minério produz uma quantidade de resíduos pelo menos dez vezes maior que a quantidade de produto, mesmo após anos de pesquisa e inovação tecnológica.

A mineração do carvão tem uma situação similar. Os resíduos de carvão são acumulados nas vizinhanças das minas, formando verdadeiras montanhas artificiais. Esse grande volume de resíduos ainda pode conter grande quantidade de enxofre, agravando ainda mais o impacto causado. O dano ambiental da indústria de mineração deve-se, em grande parte, à drenagem ácida, já que os resíduos descartados continuam nocivos por centenas de anos, após o término da vida econômica da mina.

Durante o beneficiamento do carvão, de 30 a 60% do material minerado é refugado, resultando na produção de grandes volumes de rejeitos, constituídos basicamente por materiais carbonosos e minerais (pirita e argilominerais) sem valor comercial, que são depositados em áreas próximas ao local da mineração (SOUZA, 2001). A exposição dos resíduos da mineração (pirita) ao ar livre resulta em alto impacto ambiental, devido à dissipação dos produtos, que contêm ácidos, por ação das intempéries. O desafio, nesse caso, está em estabelecer um controle efetivo e economicamente viável para deter a oxidação dessa ganga ou encontrar uma forma de utilizar esses resíduos para que não sejam deixados a céu aberto.

Outra fonte geradora de grande quantidade de resíduos são os curtumes, que utilizam cromo para transformar peles em couro. O couro curtido com cromo é utilizado na manufatura de produtos para vestuário, calçados, luvas, móveis, estofamentos de automóveis e vários outros produtos de uso pessoal. Os processos para manufatura do couro geram resíduos sólidos e líquidos que contêm sais de cromo. Estes, quando descartados – principalmente no solo e na água –, constituem elemento de risco para o meio ambiente.

A utilização de resíduos de mineração para tratar efluentes de curtume (Fig. 5-4, tratamento 1) pode atenuar a drenagem ácida por descarte de sulfetos minerais, enquanto auxilia na remoção do cromo de efluentes de curtume. Paralelamente, deve-se desenvolver formas de recuperar o cromo retirado que permitam a reutilização dos sais de cromo no próprio curtume. Pode-se ainda complementar o tratamento com outras tecnologias como fitorremediação (Lytle et al, 1998; Low et al., 1996) ou o desenvolvimento de materiais para garantir a qualidade final da água a ser despejada nos sistemas fluviais (Fig. 5-3, tratamento 2).

Essa proposta requer uma ação integrada do setor industrial em relação ao meio ambiente, ao contrário do que é feito atualmente, com cada empresa procurando reduzir os efeitos danosos de processos, de forma isolada. Cabe ressaltar que a transferência de resíduos, além do custo do transporte, poderia causar um problema ambiental adicional. Portanto, esse tipo de abordagem implica na procura de soluções regionais. A proximidade das duas atividades – mineração e curtume – deve ser considerada.

Condição favorável para aplicação de ecotecnologias é encontrada na Região Sul do Brasil. As reservas de carvão brasileiras representam uma porção significativa das fontes de energia não-renovável do país, e os maiores depósitos estão localizados no Rio Grande do Sul e em Santa Catarina (Fig. 5-4). O Paraná também possui alguns depósitos carboníferos menores. Até agora, apenas uma parcela dessas reservas foi explorada. Com o crescimento do consumo energético, a tendência é incrementar o uso do carvão como fonte de energia mais barata. O total

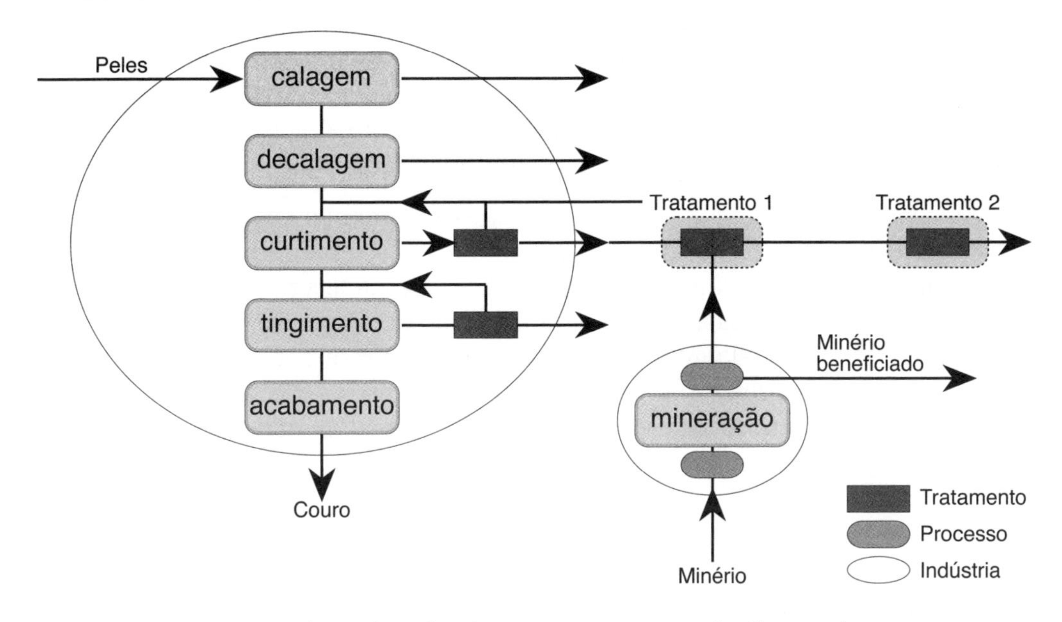

Figura 5-3 O uso de resíduos de mineração no tratamento de efluentes de curtumes.

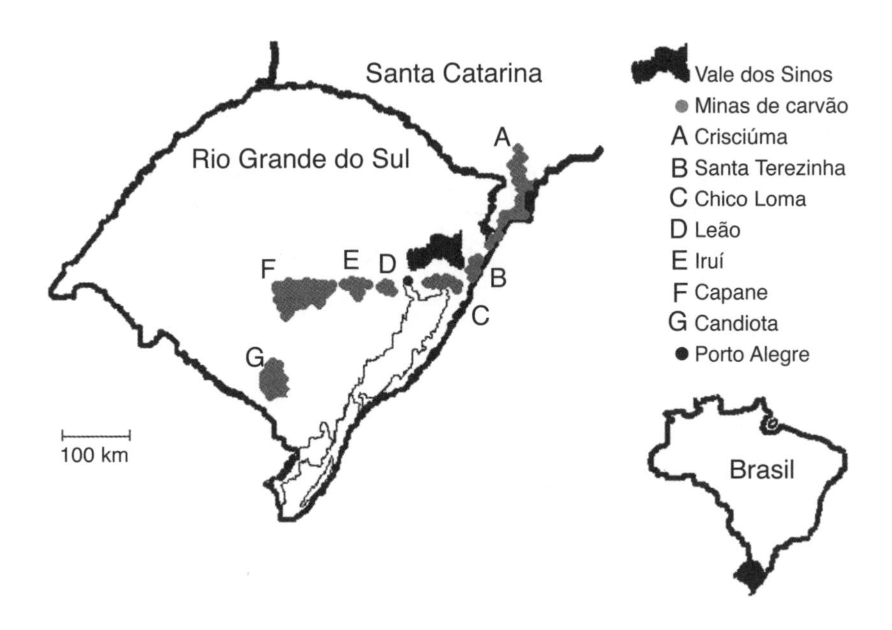

Figura 5-4 Reservas de carvão no sul do Brasil.

estimado das reservas soma 32 bilhões de toneladas, sendo que 87% encontram-se no Rio Grande do Sul (Centro de Ecologia/UFRGS, 2000).

Por outro lado, aproximadamente 60% do couro processado no Brasil provém de várias manufaturas e curtumes com sede no Vale dos Sinos (Zdanowicz, 1992).

Dessa forma, seria razoável propor que a cooperação mineração/curtume poderia resultar na implementação de uma ecotecnologia, na fronteira entre esses dois setores industriais. De acordo com a Associação da Indústria de Curtumes do Rio Grande do Sul (Aicsul), existem cerca de noventa curtumes na região, que respondem por 30% das exportações de couro brasileiro.

As duas atividades – mineração e curtume –, desconectadas no momento, poderiam promover uma interação, que resultaria num primeiro passo para a implementação da Ecologia Industrial na região. A utilização dos resíduos da mineração para tratar efluentes dos curtumes contribuiria, simultaneamente, para a diminuir a drenagem ácida da mineração e para a remover o cromo dos efluentes dos curtumes. Essa abordagem implica na interação entre resíduos de dois setores industriais distintos. A grande quantidade de resíduos da mineração garantiria o volume de insumos necessários para alimentar o tratamento de efluentes nos curtumes, que não dependeriam de produções sazonais (como no caso dos resíduos agrícolas), ou de demanda de mercado, em que a geração de resíduo depende da quantidade produzida.

O exemplo mineração/curtume aqui citado é apenas uma de muitas alternativas. Na mesma região, o uso de resíduos da agricultura para tratar efluentes de curtumes também se mostra viável. Para isso, são necessários estudos com resíduos agrícolas locais. Leve-se em conta que o Rio Grande do Sul produz, segundo o Instituto Brasileiro de Geografia e Estatística (IBGE), 45% de todo o arroz nacional (IBGE, 2002, V.14, 1-76), e também aproximadamente 130 milhões de metros cúbicos de madeira por ano (IBGE, Sidra, 2002). As combinações agricultura/curtume ou madeireiras/curtume constituem, também, possibilidades para a implementação da Ecologia Industrial na região.

Para as empresas envolvidas (mineração/curtume), a ecotecnologia oferece oportunidade de diminuir custos: o resíduo da mineração é retirado do ambiente e transformado em insumo para tratamento de efluente. E a indústria de curtume dispõe de insumo a um custo menor que o convencional para tratamento de seus efluentes. Além disso, essa prática evitaria penalizações por parte de órgãos de controle ambiental e gastos com perdas financeiras futuras para remediação de áreas degradadas. Vale lembrar que o custo para reabilitar áreas degradadas, estima-se, é de 10 a 50 vezes mais elevado que o custo das medidas de prevenção (Banco Mundial, 1992).

A interação entre empresas leva ao compartilhamento de despesas. Por exemplo, (a) a mineração, se isolada, arcaria com o custo da remoção e do combate à drenagem ácida; (b) a indústria de curtume arcaria totalmente com o custo de aquisição e transporte de insumos para retirada do cromo; (c) no caso da utilização de ecotecnologia, ambas dividiriam parte dos custos envolvidos em (a) e (b).

Como benefício ambiental, temos a redução de resíduos e de poluentes. Pode-se considerar que o benefício mais importante é a diminuição da demanda por recursos naturais, pela reutilização de resíduos. Esses benefícios estariam contribuindo para se atingir o desenvolvimento sustentável.

A provável melhora no desempenho econômico das empresas envolvidas resultará em desenvolvimento econômico da comunidade local. Esse tipo de interação entre empresas possibilitará novos empreendimentos regionais, criando novos postos de trabalho, gerados direta ou indiretamente pela ecotecnologia. A redução dos resíduos sólidos e de metais tóxicos nos efluentes líquidos reduz gastos públicos com infra-estrutura e manutenção de instalações de tratamento de águas e esgotos. A qualidade de vida local, melhorada ou conservada, diminuirá os gastos na área da saúde pública.

Cabe reconhecer que a interação entre diferentes setores industriais terá dificuldades e encontrará resistências. O sucesso na implementação de ecotecnologias vai depender de um novo tipo de colaboração, entre instituições públicas e empresas locais, e de uma nova visão dos profissionais envolvidos. Inicialmente, o processo de implementação trará custos adicionais – com treinamento de pessoal, por exemplo –, o que poderá causar relutâncias. Pequenas e médias empresas (caso da maioria dos curtumes) terão alguma dificuldade para acessar essas novas formas de gerenciamento e de conhecimento tecnológico. Cabe aos órgãos públicos, aos sindicatos patronais e às universidades dar o necessário suporte a essas empresas.

A maior dificuldade estará, provavelmente, na mudança de percepção de algumas empresas (grandes e pequenas) quanto ao conceito de interdependência. Uma outra dificuldade, sem dúvida, é que, no Brasil, ainda não existem estruturas que conduzam a uma verdadeira repartição de trabalho, nem no cumprimento das tarefas públicas. Há, também, falta de cooperação entre municípios (horizontal) e entre estados e municípios (vertical) (Centro de Ecologia UFRGS, 2000). Sob a óptica da Ecologia Industrial, é importante ter em mente que a cooperação é uma forma de se incrementar a vantagem competitiva regional.

Outros exemplos

O aproveitamento de resíduos na produção de sisal, na Tanzânia (Pauli, 1997), ilustra as vantagens que podem ser obtidas com a aplicação da Ecologia Industrial. A fibra de sisal representa apenas 2% da biomassa da planta e o restante é geralmente considerado resíduo. O governo da Tanzânia, em conjunto com pesquisadores da Universidade de Dar es Salaam, promoveu uma pesquisa para utilização dos 98% de biomassa descartada na produção de sisal e uma das perspectivas mais interessantes é a produção de ácido cítrico e ácido lático provenientes da fermentação dos resíduos do sisal. Atualmente, são retirados mais de 20 subprodutos da planta de sisal e a venda destes produtos sobrepõe-se à do sisal (dados da Comissão para Ciência e Tecnologia da Tanzânia, estudo de viabilidade da Zero Emission Research, Dar es Salaam, 1995).

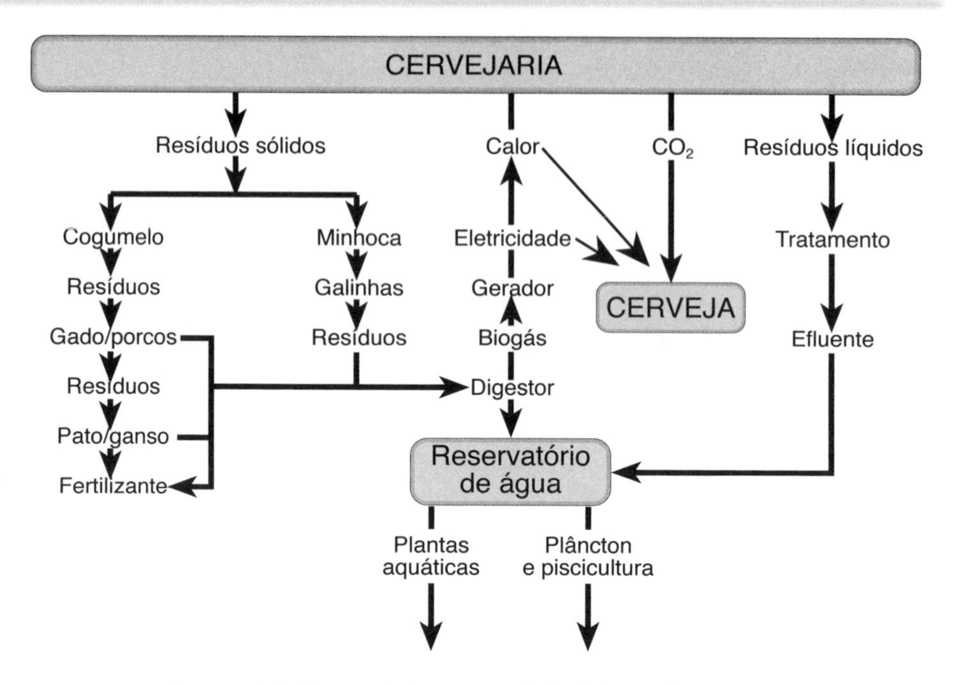

FIGURA 5-5 Fluxos criados na cervejaria de Tsumeb.

Cervejarias na Namíbia também aderiram a programas de reutilização de sólidos e líquidos. O resíduo sólido da cervejaria é usado como substrato para cultivar cogumelos vendidos nos mercados e para criar minhocas que são vendidas para criadores de galinhas. A água da cervejaria é utilizada, em parte para auxiliar no crescimento de microalgas de alto valor protéico e em parte para alimentar fazendas de peixes. Todo o resíduo orgânico é coletado em um digestor que produz metano. Este ainda é descartado no ambiente, mas pode ser utilizado para gerar energia. A Fig. 5-5 mostra os fluxos criados na cervejaria de Tsumeb (PAULI, 1997).

Nestes exemplos vimos como a Ecologia industrial procura transformar as atividades industriais, de modo a formar ciclos mais fechados, pela minimização da dissipação de materiais e também de energia.

6 COMENTÁRIOS FINAIS

"O mundo que criamos, como resultado de nossos pensamentos, tem hoje problemas que não podemos resolver pensando como pensávamos quando os criamos."

Albert Einstein

Uma grande inovação da Ecologia industrial é introduzir, por meio da visão holística do sistema, o conceito de cooperação entre empresas de diversos setores. Esta cooperação implica na participação de várias áreas do conhecimento. A análise da Ecologia Industrial não se limita à empresa, ou a um determinado setor, mas a uma rede de empresas localizadas em uma determinada região e para as quais um espaço físico pode ser delimitado. O foco da ação deve ser dividido por várias esferas, como a ambiental, a econômica e a sócio-cultural, para que se possa desenvolver uma cultura de cooperação. A complexidade dos problemas ambientais, aliada à necessidade de comunicação entre os vários setores envolvidos, requer a participação de especialistas em diversos campos: leis, economia, saúde pública, ecologia e engenharia, que podem contribuir para o desenvolvimento da Ecologia Industrial. Além dos projetos com aplicação de tecnologias apropriadas, serão necessárias mudanças nas leis e nas políticas públicas, no comportamento individual dos membros da sociedade para que se possa lidar com os problemas ambientais, de forma adequada. Dessa forma, a abordagem sistêmica e a multidisciplinaridade poderão contribuir para o desenvolvimento do sistema produtivo em direção ao desenvolvimento sustentável.

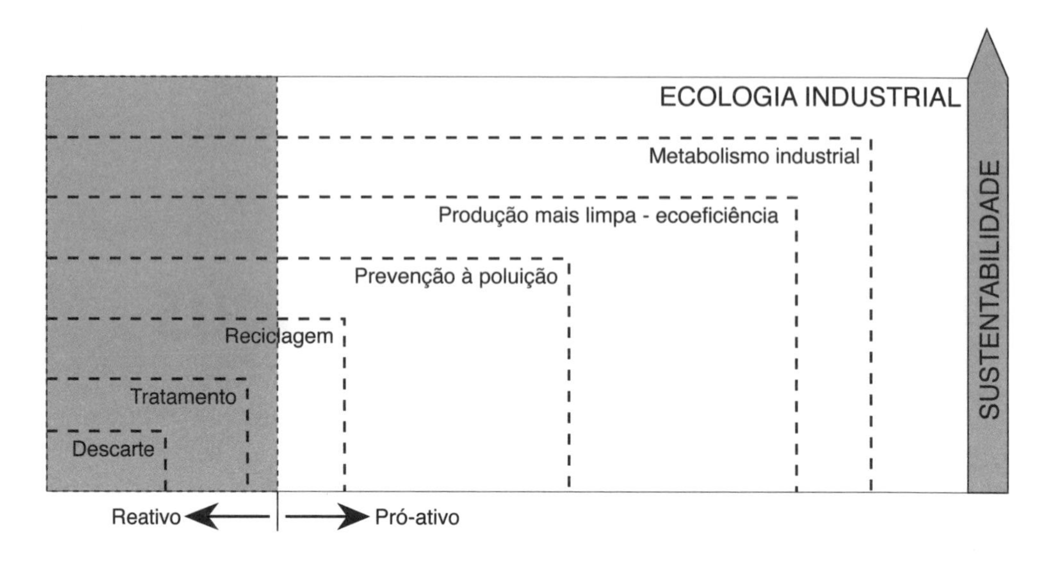

Figura 6-1 Estratégias para reduzir os impactos ambientais.

Ecologia Industrial como uma estratégia para reduzir o impacto ambiental

No início deste livro, descrevemos várias estratégias utilizadas por empresas individuais para reduzir os impactos ambientais. Cada atividade ocorre em um nível específico do sistema. A Ecologia Industrial pode englobar estas estratégias para beneficiar o sistema como um todo.

Outras estratégias para reduzir o impacto ambiental, além das já mencionadas, também se relacionam com a Ecologia Industrial:

- Minimização de resíduos: definida pela USEPA como "a redução, na medida do possível, dos resíduos tóxicos, gerados e subseqüentemente tratados, separados, ou descartados".
- Redução na fonte: qualquer prática que reduza a quantidade de substâncias tóxicas, poluentes ou contaminantes em um efluente, antes da reciclagem, tratamento ou descarte.
- Gerenciamento da Qualidade Ambiental Total: monitora, controla e melhora a performance ambiental da empresa com base nos princípios do Gerenciamento da Qualidade Total. Integra considerações ambientais aos processos de decisão nas empresas.

Estas abordagens, em conjunto com as descritas neste livro, são estratégias que firmas individuais podem adotar para reduzir o impacto ambiental de suas atividades. Além da redução do impacto, a motivação pode incluir benefícios econômicos, pressão devida à legislação ou ao consumidor, questões de saúde e segurança. A Ecologia Industrial tem o potencial de organizar estas iniciativas individuais, relacionando-as a todos os componentes do sistema.

O *Journal of Industrial Ecology* descreve a Ecologia Industrial da seguinte forma:

> "Ecologia Industrial é um campo que cresce rapidamente e que examina sistematicamente, nos níveis locais, regionais e globais, o uso e os fluxos de materiais e energia em produtos, processos, setores industriais e economias. Focaliza-se no papel potencial da indústria em reduzir os danos ambientais, durante o ciclo de vida de um produto, desde a extração da matéria-prima até seu descarte final."

A Ecologia Industrial abrange uma série de tópicos relacionados à indústria e ao ambiente:

- Estudo dos fluxos de materiais e energia (metabolismo industrial)
- Desmaterialização e descarbonização
- Mudanças tecnológicas e o ambiente
- Planejamento de ciclo de vida, projeto e avaliação.
- Projeto para o ambiente
- Responsabilidade ampliada do produtor
- Parques Ecoindustriais
- Política de produtos ambientalmente orientados
- Ecoeficiência

Sob este ponto de vista, pode-se descrever a Ecologia Industrial como uma combinação de técnicas que objetivam redução do impacto ambiental causado pelas atividades humanas, que são avaliadas em diferentes escalas de tempo e espaço.

Pesquisa e desenvolvimento

Devido à sua natureza multidisciplinar, a pesquisa nesta área deve integrar vários conceitos e várias áreas do conhecimento. O desenvolvimento de Ecotecnologias envolve a participação de duas ou mais empresas, com a finalidade de desenvolver/produzir produtos, resíduos e subprodutos, cujo impacto no meio ambiente seja menor que aquele de cada empresa atuando independentemente de outras. Para isto, a Ecologia Industrial deve estar fortemente ligada a outras disciplinas, como por exemplo a gestão ambiental, a contabilidade ambiental e o direito ambiental. Por outro lado, para fechar os ciclos e implementar tecnologias, é imprescindível a ligação com as engenharias e com as ciências puras, como física e química. O sucesso dependerá de um programa científico de pesquisa, cujo alvo será o uso/reúso total de todos os constituintes do sistema inserido em um programa de gerenciamento ambiental implementado não só em cada indústria, mas, principalmente, entre diferentes indústrias. As utilizações da levedura seca retirada da fermentação do álcool ilustram este ponto (Fapesp, 2002b).

Pode-se, também, retomar o exemplo da interação entre a indústria de mineração e a coureiro-calçadista. Observa-se que a literatura científica apresenta um grande número de tecnologias desenvolvidas para tratar efluentes contendo cromo e outros metais pesados.

Os métodos tradicionais geram grandes quantidades de lodo que contém metais pesados. Os metais são removidos do efluente e concentrados no lodo que deve ser guardado ou tratado e neutralizado. A remoção dos metais na fonte, ou seja, dentro da empresa é uma alternativa que evita ou minimiza a utilização dos tratamentos convencionais. Entretanto, este tipo de abordagem, que pode ser classificado como Prevenção à Poluição ou Produção Mais Limpa, não soluciona totalmente o problema.

Há, também, um grande número de estudos visando o desenvolvimento e utilização de novos materiais para tratar diretamente os efluentes industriais. Uma excelente revisão dos absorventes de baixo custo foi publicada por Bayley et al, 1999. Entre as substâncias investigadas se encontram materiais naturais, como plantas (Lytle et al., 1998; Low et al., 1996), minerais (Moreira et al., 2001; Brigatti et al., 2000) (Tabela 6-1), e muitos materiais desenvolvidos especialmente para remover metais de águas residuais, como zeolitas (Mercier e Pinnavaia., 1997 e 1998) e carvão ativado (Bello, 1999; Ranganathan, 2000) (Tabela 6-2).

Outra abordagem, análoga à proposta apresentada no exemplo mineração/curtume, visa a utilização de resíduos de outros processos para tratar efluentes, por exemplo, o uso de raspas de madeira (Alves et al., 1993) e ganga mineral (Moreira et al., 2001; Buerge e Hug, 1999; Puls et al., 1999; Blowes et al., 1997; Zoubolis et al., 1995) (Tabela 6-3). Neste caso, a proposta dos pesquisadores resulta na minimização/reutilização de dois resíduos, transformando um dos resíduos em insumo para tratamento de efluentes.

Os estudos mostrados nas Tabelas 6-1 a 6-3 foram direcionados para solucionar problemas específicos, como retirar cromo de um determinado efluente, utilizando a visão reducionista do sistema. Entretanto, para aplicação da Ecologia Industrial, o foco principal passa a ser a possibilidade de promover a interação entre unidades industriais (Ecotecnologias). Dessa forma, é interessante observar como, mesmo no caso mais simples de interação entre duas empresas, a possibilidade de ampliar os limites do sistema ilustra a vantagem da visão holística.

TABELA 6-1 Métodos para descontaminação de efluentes industriais com a utilização de materiais naturais

Metal	Método	Absorvente	Meio tratado	Ref
Cr	fitorremediação/absorção	jacinto aquático	efluente de curtume	LYTLE *et al*, 1998,
Cr	fitorremediação/absorção	musgo	efluente de curtume	LOW *et al*, 1996
Co, Cu, Zn, Cd, Pb	leito fluidizado	sepiolita	solução sintética	BRIGATTI *et al*, 2000

TABELA 6-2. Métodos para descontaminação de efluentes industriais com a utilização de materiais desenvolvidos para reter metais

Metal	Método	Absorvente	Meio tratado	Ref
Hg^{2+}	absorção	fluorohectorita heterocíclica mesoporosa	solução contendo Hg^{2+}	MERCIER e PINNAVAIA, 1997 e 1998
Cr, Hg	batelada	carvão ativo	meio aquoso	BELLO *et al*, 1999

TABELA 6-3 Métodos para descontaminação de efluentes industriais com a utilização de resíduos de outros processos

Metal	Método	Absorvente	Meio tratado	Ref
Hg^{2+}	adsorção	pirita	solução de Hg2+	MOREIRA *et al*, 2001
Cr	mistura com borbulhamento de ar	casca de pinus silvestre	efluente de curtume (sintético)	ALVES *et al*, 1993
Ag, Cd, Cr, Cu, Hg, Ni, Pb, U e Zn	absorção	casca de carvalho, faia, abetos vermelhos e pinus silvestre	solução sintética	GABALLAH e KILBERTUS, 1997
Cr	redução	Fe(II)	água (área industrial)	BUERGE e HUG, 1999
Cu, Cd Zn, Ni	adsorção, redução precipitação	ferro	água de mineração	SHOKES e MOLLER, 1999
Cr	barreira permeável	ferro e areia	efluente de cromeação	PULS *et al*, 1999
Cr	barreira permeável	ferro metálico, siderita e pirita com areia de quartzo	solução sintética	BLOWES *et al*, 1997
Cu, Zn, Ni,Cd	batelada e coluna	lama vermelha	efluente urbano	LOPEZ *et al*, 1998
Cr	adsorção	Pirita	solução sintética	ZOUBOLIS *et al*, 1995

A pesquisa básica sob a óptica da Ecologia Industrial deve visar o entendimento do sistema com base na teoria dos sistemas e na termodinâmica, mas deve também fornecer suporte para a integração entre empresas e entre empresas e o ambiente. Neste contexto, a pesquisa em Ecologia Industrial poderia ser estruturada, de forma que cada combinação entre a visão reducionista e a sistêmica constituísse um campo de estudo.

Implementação da Ecologia Industrial

A abordagem da Ecologia Industrial para a fabricação de produtos ou para a operação de processos pode basear-se nos seguintes itens:

- Toda molécula que entra em um processo específico deve deixar este processo como parte de um produto vendável.
- Cada joule utilizado em um processo deve resultar em uma transformação do material.
- O uso de materiais e energia deve ser mínimo.
- As indústrias devem escolher materiais abundantes, não-tóxicos para seus produtos.
- O projeto de cada produto deve levar em consideração o aproveitamento dos materiais que o constituem, após o fim de sua vida útil.
- Interações entre empresas, fornecedores e consumidores devem ser estabelecidas com o objetivo de desenvolver formas cooperativas que permitam incrementar a reciclagem e o reúso de materiais e minimizar as embalagens

A implementação da Ecologia Industrial prevê ainda:

- A criação de ecossistemas industriais, com ênfase na ciclagem do material no sistema, na otimização do consumo de energia, na minimização do resíduo gerado e na reavaliação dos resíduos como matérias-primas que seriam utilizadas, se possível, dentro do próprio sistema.
- Controle dos materiais retirados da natureza e dos resíduos descartados no ambiente, preservando-se as reservas naturais e eliminando-se o despejo de substâncias tóxicas.
- Desmaterialização dos produtos e diminuição do consumo de energia.
- Simplificar os processos industriais, se possível, imitando-se os processos naturais, altamente eficientes.
- Promover o desenvolvimento de novas fontes de energia, amigáveis ao meio ambiente e provenientes de reservas renováveis.
- Promover a integração entre empresas, regiões e países para desenvolver programas de caráter ambiental.

Críticas à Ecologia Industrial

Assim como alguns autores consideram que a Produção Mais Limpa falha para atingir o desenvolvimento sustentável (WALLNER, 1999), por concentrar-se em empresas individuais, a Ecologia Industrial também é alvo de críticas. Por exemplo, COMMONER (1997) considera que a produção industrial de compostos orgânicos sintéticos, que não são produzidos pela natureza como dioxinas e herbicidas, são inerentemente perigosos e medidas de segurança devem ser tomadas para proteger a ecosfera de seus efeitos. Este conceito tem uma conseqüência operacional: a produção em escala industrial destes compostos não deveria ser permitida. Este tipo de observação se deve, provavelmente, a que a relação processo produtivo/ meio ambiente é uma questão que vem sendo abordada apenas recentemente e conceitos relativos ao tema estão, ainda, em fase de amadurecimento e aperfeiçoamento. Entretanto, a observação de COMMONER é pertinente, pois a Ecologia Industrial não trata, de forma clara, deste tema.

A Ecologia Industrial está ainda em desenvolvimento e depende, também, do desenvolvimento de outras áreas de conhecimento. Por exemplo, ainda não há tecnologia desenvolvida para transformar resíduos radioativos em material utilizável. Dessa forma, este tipo de resíduo deve ser estocado ou, considerando-se os comentários de COMMONER, a tecnologia nuclear deve ser eliminada.

Por outro lado, mesmo que haja tecnologia disponível para reutilizar ou reciclar um resíduo, os empresários comparam sempre os custos imediatos entre as duas opções: matéria-prima virgem e material reciclado. Dessa forma, a empresa não utilizará material reciclado ou o resíduo de outro processo, a menos que haja benefício econômico na escolha. Alguns materiais, como os metais, são facilmente recicláveis. Entretanto, resíduos constituídos por uma mistura de materiais requerem a utilização de mão-de-obra e energia para seleção, desmontagem ou separação. Este tipo de decisão é baseado principalmente na relação custo-benefício.

As críticas à Ecologia Industrial são válidas e abrem espaço e oportunidade para o desenvolvimento do conceito. Para responder às críticas será necessário um esforço conjunto de industriais, da pesquisa acadêmica e da sociedade.

Desenvolvendo a Ecologia Industrial

Como área em desenvolvimento, a Ecologia Industrial apresenta grandes oportunidades para a pesquisa acadêmica e tecnológica. Como mostramos, ainda não há uma definição única de Ecologia Industrial. Necessita-se, portanto, estabelecer uma clara definição do conceito e de seu campo de ação.

Da mesma forma, uma definição clara de Desenvolvimento Sustentável pode auxiliar na definição dos objetivos da Ecologia Industrial e do alcance das decisões tomadas sob esta óptica. A pesquisa acadêmica, voltada para compreender o impacto das atividades industriais nos ecossistemas, deve auxiliar na identificação dos problemas e em como resolvê-los. Pode-se ainda citar a necessidade do desenvolvimento de ferramentas, como Avaliação de Ciclo de Vida e o Projeto para o Ambiente, com o intuito de auxiliar no fechamento dos ciclos. E, finalmente, deve-se enfatizar o desenvolvimento de indicadores adequados para avaliar as possíveis melhoras do sistema.

Siglas empregadas no texto

- ABNT (Associação Brasileira de Normas Técnicas)
- ACV (Avaliação de Ciclo de Vida)
- Aicsul (Associação da Indústria de Curtumes do Rio Grande do Sul)
- Cetesb (Companhia de Tecnologia e Saneamento Básico do Estado de São Paulo)
- CML (Centre for Environmental Science de Leiden - Centro de Ciência Ambiental)
- Copersucar (Cooperativa dos Produtores de Cana, Açúcar e Álcool do Estado de São Paulo)
- CTC (Comitê Técnico de Certificação Ambiental) (da ABNT)
- DTIE (Division of Technology, Industry and Environment)
- EPA (Environmental Protection Agency – Agência de Proteção Ambiental)
- EPI (Environmental Performance Indicator)
- Fapesp (Fundação de Amparo à Pesquisa do Estado de São Paulo)
- IBGE (Instituto Brasileiro de Geografia e Estatística)
- IPCC (Intergovernmental Panel on Climate Change).
- ITAL (Instituto de Tecnologia de Alimentos)
- Muais (miniusinas de álcool integradas)
- PMA (Projeto para o Meio Ambiente)
- Senai (Serviço Nacional de Aprendizagem Industrial)
- Setac (Society of Environmental Toxicology and Chemistry)
- SGA (Sistema de Gerenciamento Ambiental)
- Sidra (Sistema de Recuperação Automática)
- Teclim (Tecnologias Limpas e Minimização de Resíduos)
- Unep (United Nations Environment Program)
- UFRS (Universidade Federal do Rio Grande do Sul)
- WBCSD (World Business Council for Sustainable Development)
- WMO (World Metereological Organization)

Referências bibliográficas

ABNT - www.abnt.org.br, último acesso: junho de 2004.

Allenby, B., Richards, D. (eds.) - *The greening of industrial ecosystems*, The National Academy of Engineering Pub., Washington, DC,1994.

Allenby, B. R. - *Industrial Ecology: Policy Framework and Implementation*, Prentice Hall, Nova Jersey, 1999.

Alves, M. M., Gonzales Beça, C. G., Carvalho, R. G., Castanheira, J.M., Pereira, M. C. S. , Vasconcelos, L.A.T. - Wat. Res., Vol. 27, 1333, 1993.

Anastas, P. T., Farris, C. A. - American Chemical Society (ACS), Symposium Series, 577 (1994) 123.

Ayres, R.U. - Self Organization in Biology and Economics, International Journal of the Unity of the Sciences 1(3); 1988.

Ayres, R. U. - International Social Science Journal, Vol. 121, 23, 1989.

Ayres, R. U., Norberg-Bohm V., Prince J., Stigliani W.M., Yanowitz J. - *Industrial Metabolism, the environment and application of materials balance principles for selected chemicals*. Research Report RR-89-11, IIASA, Luxemburgo, 1989.

Ayres, R. U. - *Industrial Metabolism: Theory and Policy, in the Greening Industrial Ecosystems*, National Academy Press, Washington, D.C. 1994.

Ayres, R.U. - International Social Science Journal, vol. 121, 37, 1989.

Ayres, R.U. , Simonis, U.E. (eds.) - *Industrial metabolism, restructuring for sustainable development*, United Nations University Press, Tóquio, Japão, 1994.

Banco Mundial - *World development report: development and environment*, Nova Iorque, Oxford University Press, 1992.

Bailey, S. E., Olin, T. J., Bricka, R. M., Adrian, D. D. - Water Research. Vol. 38, 2469, 1999.

Bello, G., Cid, R., Garcia, R., Arriagada, R. - J. Chem. Tech. Biotechnol. Vol. 74, 904, 1999.

Billatos, S. B., Basaly, N. A. - *Green technology and design for the environment*. Washington: Taylor & Francis, 1997.

Billen, G., Toussaint, F., Peeters, P., Sapir, M., Steenhout, A., Vanderborght, J. P. - *"L' Ecosisteme Belgique, Essay d'Ecologie Industrielle"*, Centre de Recherche et d'Information Sócio-Politique (Crisp), Bruxelas, 1983.

Blowes, D. W., Ptacek, C. J., Jambor, J. L. - Environ. Sci. Tech., Vol. 31, 3348, 1997.

BOULDING, K. - General Systems Theory—*The Skeleton of Science*, Management Science, Vol. 2, 197, 1956.

BRIGATTI, M. F., LUGLI, C., POPPI, L. - *Appl. Clay Sci.*, Vol.16, 45, 2000.

BUERGE, I. J., HUG, S. J. - Environ.Sci.Tech., Vol. 33, 4285, 1999.

BURAL, P. – "*Greenness is good for you*", Design, Londres, Design Council, pp. 22-24, 1994.

Centro de Ecologia / UFRGS - "Carvão e Meio Ambiente", Ed. da Universidade UFRGS, Porto Alegre, RS, 2000.

CLOUD, P. - *Geologische Rundschau*, Vol. 66, 678, 1977.

COMMONER, B. - *J. Cleaner Prod.*, Vol. 5, 125, 1997.

COOPER, J. S., VIGON, B. - *Life cycle engineering guidelines*, U. S. Environmental Protection Agency Office of Research and Development National Risk Management Research Laboratory, Battelle Memorial Institute, 1999.

DERWENT, R. G., JENKIN, M. E., SAUNDERS, S. M., PILLING, M. J. - *Atmospheric Environment*, Vol. 32, 429, 1998.

EHRENFELD, J. R. –*J. Cleaner Prod.*, Vol. 5, 87, 1997.

EPA - Status report on the use of environmental labels worldwide, Cambridge, Abt Associates Inc., 1993.

ERKMAN, S. - *J. Cleaner Prod.*, Vol. 5, 1, 1997.

FAPESP - *Revista Pesquisa Fapesp*, Vol. 76, 78, 2002.

FAPESP - *Revista Pesquisa Fapesp*, Vol. 76, 80, 2002.

FENZL N., MONTEIRO M. - *Gaia*, Vol. 3, 239, 2000.

FIKSEL, J., COOK, K, ROBERTS, S., TSUDA, D. - "*Design for environment at Apple Computer*". A case study of the power Macintosh 7200, International Symposium on Electronics and the Environment in Dallas, Texas, 1996.

FORRESTER, J. - *Principles of systems*, Cambridge, Wright-Allen Press, Nova Iorque, 1968.

FORRESTER, J. - *World dynamics*, Cambridge, Wright-Allen Press, Nova Iorque, 1971.

FRANKLIN ASSOCIATES, LTD. - *Resource and environmental profile analysis of a manufactured apparel product: woman's knit polyester blouse*, Prairie Village, KS, 1993.

FROSCH, R., GALLOPOULOS, N. - Scientific American, Vol. 261, 144, 1989.

GABALLAH I., KILBERTUS, G. - J. Geochem. Expl., Vol.62, 241, (1997.

GEORGESCU-ROEGEN, N. A. - *The Entropy Law and the Economic Process*, Harvard University Press, Cambridge, MA, 1971.

GEORGESCU-ROEGEN, N. A. - Eastern Economic Journal, Vol. 10, 16; 1979.

Georgescu-Roegen, N. A. - *Eastern Economic Journal*, XII, Vol. 3, 425, 1986.

Giannetti, B. F., Almeida, C. M. V., B., Bonilla, S. H. - *J. Cleaner Prod.*, Vol. 12, 361, 2004.

Goedkoop, M., Effting, S., Collignon, M. - The Ecoindicator 99 – *A damage oriented method for life cycle impact assessment*, Amersfoort (Holanda), Product Ecology Consultants, 2000.

Graedel, T.E., Allenby, B. R. - *Industrial Ecology*, Prentice Hall, Nova Jersey, 1995.

Graedel, T. E. - *Pure Appl. Chem.*, Vol. 73, 1243, 2001.

Harjula, T. - *Design for disassembly and the environment*, University of Rhode Island, EUA, pp 109-114, 1996.

Heijungs, R., Guineé, J., Huppes, G., Lankreijer, R. M., de Haes, H. A. Udo, Sleeswijk, A. Wegener, Absems, A. M. M., Eggels, P. G., van Duin, R., de Goede, H. P. - *Environmental life cycle assessment of products, Guide and Backgrounds*, CML, Leiden University, Leiden, 1992.

Houghton, J. T., Meira Filho, L. G., Bruce, J., Lee, H., Callander, B. A., Haites, B., Harris, N., Maskell, K. (eds.) - *Radiative forcing of climate change, on evaluation of the IPCC IS92, Emissions Scenarios*, Cambridge, Cambridge University Press, 1994.

Houghton, J. T., Meira Filho, L. G., Callander, B. A., Harris, N., Maskell, K. (eds.) - *Climate change, the science of climate change; Second assessment report of the intergovernmental panel on climate change*, Cambridge, Cambridge University Press, 1995.

Huijbregts, M. A. J. - "*Priority assessment of toxic components in LCA*". Development and application of the multimedia fate, exposure and effect model USES-LCA. IVAM environmental research, University of Amsterdam, Amsterdam, 1999.

Huijbregts, M. A. J. – "*Life cycle impact assessment of acidifying and ertrophying air pollutants*". Calculation of equivalency factors with RAINS-LCA. Interfaculty Department of Environmental Science, Faculty of Environmental Science, University of Amsterdam, Amsterdam, 1999.

IBGE - "*Levantamento sistemático da produção agrícola*", V14: 1-76, Rio de Janeiro, 2002.

IBGE - "*Produção extrativa vegetal*", Banco de Dados Agregados, Sistema de Recuperação Automática (Sidra), 2002.

INE - Instituto Nacional de Ecologia – "*Programa del Medio Ambiente 1995–2000*", Dirección Generale Gestión e Información Ambiental (www.ine.gob.mx), México D.F., 1997.

ISO/FDIS - 14031, *Environmental management/Environmental performance evaluation* – Guidelines, Strikethrough Version, 1998.

JENKIN, M. E., HAYMAN, G. D. - Atmospheric Environment, Vol. 33, 1775, 1999.

JOVANE, F. – "*A key issue in product life cycle disassembly*", Annals of the CIRP, 651, 1993.

KEOLEIAN, G. A., MENERY, D. - "*Sustainable development by design: review of life cycle design and related approaches*", Air and Waste Management Association, Vol. 44, 646, 1994.

KEOLEIAN, G. A., e MENERY, D. - *Life cycle design guidance manual*, EPA/600/R-92/226, Cincinnati, U. S. EPA, Risk Reduction Engineering Laboratory, 1994.

KORMONDY, E. J. - *Concepts of Ecology*. Englewood Cliffs, Nova Jersey, Prentice-Hall, 1969.

KUHRE, W. L. - ISO 14031: *Environmental performance evaluation EPE*, Nova Jersey, Prentice Hall, 1998.

LOPEZ, E., SOTO, B., ARIAS, M., NUÑEZ, A., RUBINOS, D., BARRAL, T. - Water Res., Vol. 32, 1314, 1998.

LOW, K.S., LEE, C.K., TAN, S.G. - Environ. Tech., Vol. 18, 449, 1996.

LYTLE, C. L., LYTLE, F. W., YANG, N., QIAN, J. H., HANSEN, D., ZAYED, A. TERRY, N. - *Environ.* Sci. Technol., Vol. 32, 3087, 1998.

MANAHAN, S. E. - *Industrial ecology: environmental chemistry and hazardous waste*, Lewis Pub., Londres, 1999.

MEADOWS, D., MEADOWS D. - *Limits to Growth*, Nova York, Signet, 1972.

MERCIER, L., PINNAVAIA, T. J. - Adv. Mat., Vol. 9, 500, 1997.

MERCIER, L., PINNAVAIA, T. J., Micropourous and Mesoporous Materials, Vol 20, 101, 1998.

MOREIRA, W.A., GIANNETTI, B. F., BONILLA, S. H., ALMEIDA, C. M. V. B., RABÓCZKAY, T. - *Proceedings of the VI Southern Meeting on Mineral Technology*, Vol.2, 521, 2001.

NEVES, S. R. A. Dissertação de mestrado apresentada ao Programa de Pós-Graduação em Engenharia de Produção da Universidade Federal de Santa Catarina, Florianópolis, 2002.

NICOLIS, G., PRIGOGINE I. - *Self-Organisation in Non-Equilibrium Systems*, Wiley-Interscience, Nova Iorque, 1977.

ODUM, E. P. - Ecologia, Ed. Guanabara Koogan SA, Rio de Janeiro, RJ, 1998

ODUM, E. P. - *Fundamentals of ecology*, W. B. Saunders Co., Filadélfia, PA, 1971.

ODUM, H. T. - *Environment power and society*: John Wiley & Sons, Nova York, 1971.

PAULI, G. - *J. Cleaner Prod.*, vol. 5, 109, 1997.

PNUMA - *Producción más limpia, un paquete de recursos de capacitación*, ORLOPALC, México, 1999.

POLONSKY, M. J. –Electronic Green Journal, Vol.1, 2, 1994.

PRIGOGINE, I. - *O Fim das Certezas: tempo, caos e as leis da natureza*, Editora UNESP, São Paulo, 1996.

PULS, R.W., PAUL, C.J., POWELL, R.M. - Appl. Geochem., Vol.1454, 989, 1999.

RAMOS, J. Tese de doutorado apresentada ao Programa de Pós-Graduação em Engenharia de Produção da Universidade Federal de Santa Catarina, Florianópolis, 2001.

RANGANATHAN, K. - Bios. Tech., Vol. 7354 , 99, 2000.

REIS, M. J. L. - ISO 14.000: *Gerenciamento ambiental - Um novo desafio para a sua competitividade*, Rio de Janeiro, Ed. Qualitymark, 1996.

RIFKIN, J. – Entropy: *A New World View*. Bantam Books, Nova Iorque, 1989.

RYDING, S. - "*International experiences of environmentally sound product development based on life cycle assessment*", Swedish Waste Research Council, AFR Report 36, Estocolmo, 1994.

SENAI (Serviço Nacional de Aprendizagem Industrial, www.senai.com.br), último acesso: março 2004.

SETAC - Guidelines for life-cycle assessment: a "*Code of Practice*", Setac, Bruxelas, 1993.

SHOKES, T. E., MOLLER, G. - Environ. Sci. Tech., Vol. 3354, 282, 1999.

SOUZA, V.P., SOARES, P. S. M., RODRIGUES-FILHO, S. - *Proceedings of the VI Southern Meeting on Mineral Technology*, Vol. 2, 603, 2001.

STOCUM, A. - "*Xerox engineering leadership*", State of the Lakes Ecosystem Conference, p.12, Xerox Corporation, Cleveland, EUA, 2000.

TIBBS, H. - Whole Earth Review, Vol. 77, 4, 1991.

ULRICH, K. T., EPPINGER, S. D. - *Product design development*, EUA, McGraw-Hill, Inc., 1995.

UNEP - *Ecodesign: a promising approach to sustainable production and consumption*, Paris, Nações Unidas, Program Industry and Environment, Unep, 1997.

VENTERE, J.-P - *La qualité écologique des produits: des écobilans aux écolabels*, Paris, Sang de la Terre, Afnor, 1995.

VENZKE, C. S., NASCIMENTO, L. F. - Revista Eletrônica de Administração (READ), 30, artigo 8, 2002.

Vigon, B. W., Tolle, D. A., Cornary, B. W., Lathan, H. C., Harrison, C. L., Bouguski, T. L., Hunt R. G., Sellers, J. D., *Life cycle assessment: inventory guidelines and principles*, EPA/600/R-92/245; Cincinnati, U. S. Environmental Protection Agency, Risky Reduction Engineering Laboratory, 1993

VNCI - *Guideline for environmental performance indicators for chemical industry*, VNCI (Association of the Dutch Chemical Industry), 2001.

Wallner, H.P. - J. Cleaner Prod., Vol. 7, 49, 1999.

WMO - *Scientific assessment of ozone depletion: 1998, Global Ozone Research and Monitoring Project*, Report no. 44, Genebra, World Metereological Organization, 1999.

Yi, H., Kim, J., Hyung, H., Lee, S., Lee, C. H. - J. Cleaner Production, Vol. 9, 35, 2001.

Zdanowicz, J. E. - Dissertação de Mestrado, Universidade Federal do Rio Grande do Sul, 1992.

Zouboulis, A. I., Kydros, K. A., Matis, K. A. - Water Res., Vol. 2954, 1755, 1995.